"十四五"职业教育国家规划教材

5G 基站建设与维护

（中级）

主编　田　敏　刘良华

北京理工大学出版社
BEIJING INSTITUTE OF TECHNOLOGY PRESS

内容简介

本书的架构是从系统设计的角度出发，紧扣5G基站建设与维护的主题，对建设和维护的整体流程进行了详细的介绍。本书一共分为7个项目，项目1和项目2是5G的基础理论知识；项目3是5G基站设备安装，主要讲述5G基站设备硬件架构、5G基站工程勘察等；项目4是5G基站硬件测试，由5G基站设备加电、5G硬件测试等组成；项目5是5G基站设备验收；多方验收完基站；项目6是5G基站业务开通，5G基站业务开通后；项目7是5G基站维护，在这个阶段，通过介绍维护信息收集、等内容，可使学习者具备5G基站维护的工作技能。

本书适合计算机、通信等领域相关的院校教师教学用书以及有一定从业经验的人员学习使用。

图书在版编目（ＣＩＰ）数据

5G基站建设与维护：中级 / 田敏，刘良华主编 . --
北京：北京理工大学出版社，2020.8（2024.1 重印）
ISBN 978 - 7 - 5682 - 8733 - 3

Ⅰ. ① 5… Ⅱ . ①田… ②刘… Ⅲ . ①无线电通信－移
动网 Ⅳ . ① TN929.5

中国版本图书馆 CIP 数据核字（2020）第 129084 号

责任编辑：张荣君		文案编辑：张荣君	
责任校对：周瑞红		责任印制：边心超	

出版发行 / 北京理工大学出版社有限责任公司
社　　　址 / 北京市丰台区四合庄路 6 号
邮　　　编 / 100070
电　　　话 / （010）68914026（教材售后服务热线）
　　　　　　（010）68944437（课件资源服务热线）
网　　　址 / http：// www.bitpress.com.cn

版 印 次 / 2024 年 1 月第 1 版第 6 次印刷
印　　刷 / 定州市新华印刷有限公司
开　　本 / 787 mm × 1092 mm　1/16
印　　张 / 18
字　　数 / 454 千字
定　　价 / 59.90 元

1+X 证书制度试点培训系列教材
编委会

前言

2019 年 6 月 6 日，工信部正式向中国增强大带宽、海量物联网连接和超高可靠超低时延，驱动着 5G 网络的快速发展。电信、中国移动、中国联通、中国广电发放第五代移动通信（即第五代移动通信技术，以下使用 5G 网络代表）商用牌照，标志着中国正式进入 5G 网络时代。5G 网络系统的三大推动力或者称为三大场景：5G 网络的快速发展离不开基础设施的建设，5G 网络的基础设施就是基站建设以及后期的维护。

依据工业和信息化部于 2021 年 11 月 1 日印发《"十四五"信息通信行业发展规划》的有关部署，到 2025 年每万人拥有 5G 基站数将从 2020 年的 5 个增加至 26 个，据工信部发布的《2022 年上半年通信业经济运行情况》显示，截至 2022 年 6 月末，我国 5G 基站总数达 185.4 万个，占移动基站总数的 17.9%，占比较上年末提高 3.6 个百分点，其中 1-6 月份新建 5G 基站 42.9 万个。通过政府的大力部署推进，5G 网络建设应用，已经取得了积极成效。

在党的二十大报告中，明确提出将中国"建成现代化经济体系，形成新发展格局，基本实现新型工业化、信息化、城镇化、农业现代化"。信雅达信息科技公司响应国家号召，参加 1+X 项目，向学校和社会推出了《5G 基站建设与维护》，包含初中高三个等级的课程，从 5G 的维度，建设 5G 基站，发展 5G 网络、推动国家未来信息化发展的新引擎。加快网络绿色化升级等多方面举措，可以实现以创新驱动整体通信行业的质量、动力、以及效率的变革，进而推动绿色高质量的发展，助力国家能源结构转型、实现"双碳^①"战略。

《5G 基站建设与维护（中级）》的架构是从系统设计的角度出发，紧扣 5G 基站建设与维护的主题，对建设和维护的整体流程进行了详细的介绍。本书一共分为 7 个项目，其中项目 1 和项目 2 是 5G 的基础理论知识，主要介绍 5G 的应用场景、网络架构、基本原理、关键技术和接口协议；项目 3 是 5G 基站设备安装，主要介绍绘制 5G 基站设备硬件架构图、5G 基站工程勘察、5G 基站设备清点、5G 基站设备安装和线缆布放；项目 4 是 5G 基站硬件测试，主要对项目 3 安装的设备进行自检，主要由 5G 基站设备上电、5G 硬件测试和 5G 基站部件更换组成；项目 5 是 5G 基站设备验收，主要介绍验收准备、设备验收和编制验收资料；项目 6 是 5G 基站业务开通，主要介绍 5G 网管认知、5G 基站数据配置和业务调测；项目 7 是 5G 基站维护，主要介绍 5G 基站维护信息收集、例行维护及日常操作与维护，可使学员具备 5G 基站维护的工作技能。从上面的描述可以明显地看到，本书就是 5G 基站建设与维护的一个完整的流程。从勘察、安装、测试、开通业务和维护的角度，一条龙地系统学习，使学员学习思路清晰，对整体有一定的把控力。同时，南京中兴信雅达信息科技有限公司特别设计了一个仿真软件，主要针对勘察、安装、测试、开通业务、维护和排障的内容进行仿真。

本书的撰写依托"1＋X"项目成立《5G 基站建设与维护》（中级）标准制定小组，集合了多名运营商、院校及通信厂家一线工作的资深专家。

随着 3GPP 版本的演进，在未来的 R16\R17 版本中，5G 基站还将引入更多的新技术对现有的基站进行优化，截至本书成书之时，部分技术方案还在不断演进，我们也将随时关注技术动态，进一步补充和修正本书内容。书中的不当之处，敬请读者和专家批评指正。

编写组

① 双碳：即碳达峰与碳中和的简称。2020 年 9 月 22 日，国家主席习近平在第七十五届联合国大会上宣布，中国力争 2030 年前二氧化碳排放达到峰值，努力争取 2060 年前实现碳中和目标。

目 录

项目 1
5G 技术特点和网络架构认知

项目概述

经过几十年的发展，我国的移动通信技术，已经从最开始1G、2G时的引进、跟随、模仿阶段。到3G时代，我们国家的TD－SCDMA成为全球3G三大标准之一。4G时代，我国已经成为全球4G的主流标准。随着5G网络时代的来临，我国5G技术和基础网络建设都已走在全球前列本项目是5G基站建设和维护初级需要掌握的基础理论知识，是后续进行相关建设与维护任务的必要内容。通过学习和掌握5G的技术特点（高速率、低时延、大连接等）、5G网络架构（组网方式、设备结构和功能接口），可对5G基站在网络中的位置及所起到的相关作用有明确清晰的了解。

项目目标

- 了解5G的技术特点和应用场景。
- 绘制5G系统的网络架构图。

知识地图

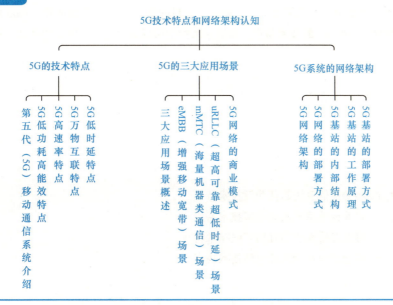

任务 1　5G 的技术特点

▷ 课前引导

　　移动通信发展是跟随不断增长的客户需求而变化的，从最早的模拟网仅仅能提供语音通话，到 2G、3G 和 4G 网络在原有语音服务的基础上逐步提供了越来越丰富的数据业务服务，5G 到底为什么会出现？5G 的特点是什么？5G 的网络架构是什么？这就是本任务需要了解的内容。

任务描述 ◁

　　通过本任务的学习，熟悉 5G 移动系统的发展，了解 5G 移动通信系统的技术特点，了解 5G 高速率（峰值速率能达 10 Gbps 以上，用户体验速率在 100 Mbps 以上）、万物互联（连接密度达到每平方千米 100 万个终端）、低时延（空口时延 1 ms，端到端时延 10 ms 左右）等多方面的技术优势。掌握 5G 的技术特点，将对后续的应用场景学习打下坚实的基础。

▷ 任务目标

- 能描述 5G 移动通信系统的低功耗技术特点。
- 能描述 5G 移动通信系统的高速率技术特点。
- 能描述 5G 移动通信系统的万物互联技术特点。
- 能描述 5G 移动通信系统的低时延技术特点。

1.1.1　第五代（5G）移动通信系统介绍

移动通信已经深刻地改变了人们的生活，但人们对更高性能移动通信的追求从未停止。为了应对未来爆炸性的移动数据流量增长、海量的设备连接、不断涌现的各类新业务和应用场景，第五代（5G）移动通信系统应运而生，2017 年 12 月 21 日，在国际电信标准组织 3GPP RAN 第 78 次全体会议上，5G NR 首发版本正式冻结并发布。5G 将渗透到未来社会的各个领域，以用户为中心构建全方位的信息生态系统。5G 将使信息突破时空限制，提供极佳的交互体验，为用户带来身临其境的信息盛宴；5G 将拉近万物的距离，通过无缝融合的方式，便捷地实现人与万物的智能互联。5G 将为用户提供光纤般的接入速率，"零"时延的使用体验，千亿设备的连接能力，超高流量密度、超高连接数密度和超高移动性等多场景的一致服务，业务及用户感知的智能优化，同时将为网络带来超百倍的能效提升和超百倍的比特成本降低，最终实现"信息随心至，万物触手及"的总体愿景。

除了为个人无线通信服务提速，5G 还会对包括室内 / 外无线宽带部署、企业团队培训 / 协作、VR/AR、资产与物流跟踪、智能农业、远程监控、自动驾驶汽车、无人机及工业和电力自动化等 21 个领域造成影响。但是如果将眼光放得更长远一些，从技术成熟度的角度考虑，那么目前还没有发现特别清晰的技术。未来一定会出现新的通信系统，会在如网速或稳定性上超越 4G、5G，但新的系统设计目标目前是没有办法确定的。新的通信系统由 Use Case 驱动，即根据用户的潜在需求进行设计，而并非传统的由技术进行驱动。不过就目前而言，移动互联网的演进还是无线通信的发展方向之一。

移动互联网和物联网作为未来移动通信发展的两大主要驱动力，为 5G 提供了广阔的应用前景。面向未来，数据流量的千倍增长、千亿设备连接和多样化的业务需求都将对 5G 系统的设计提出严峻挑战。与 4G 相比，5G 将支持更加多样化的场景，融合多种无线接入方式，并充分利用低频和高频等频谱资源。同时，5G 还将满足网络灵活部署和高效运营维护的需求，能大幅提升频谱效率、能源效率和成本效率，实现移动通信网络的可持续发展。

1.1.2　5G 低功耗高能效特点

5G 的另一特点是低功耗，随着移动通信领域从仅能支持语音业务开始逐步地向支持数据业务转变，甚至发展到移动宽带业务，用户设备开始向智能化方向发展。智能终端最大的瓶颈就是终端设备电池的续航能力，受限于电池技术，现在大部分智能终端都需要每天充电，对于智能终端用户来说，充电和更换电池是比较容易实现的。

5G 不仅能支持用户智能终端设备，还将广泛地应用于物联网领域。对于物联网终端来说，它们主要是用来采集数据及向网络层发送数据，担负着数据采集、初步处理、加密、传输等多种功能，多数物联网终端不具备直接供电的条件，只能采用电池供电，并且多数物联网终端对体积还有严格的要求，由于材料技术的限制电池能量密度无法出现突破性的提升，导致设备电池容量受限于设备体积。

在企业级应用中，很多物联网终端既不方便充电，也不方便经常更换电池，因此延长电池寿命已成为物联网终端设备设计的关键要求之一。5G 技术将物联网设备功耗降低，部分物联网终端的电池供电寿命设计达 5～10 年，甚至更长。这样就能大大地改善物联网用户的感知和体验，促进物联网产业更好发展。

同时，在网络能效方面，5G 网络比 4G 网络提升 100 倍。这是由于信道带宽增加、天线收发通道增多的缘故，使 5G BBU 和 AAU 设备的总功耗相较于 4G BBU 和 RRU 有所增加，但是正因为 5G 网络使用了超大带宽、超高的编码效率（LDPC 码和 Polar 码编码效率接近香农公式极限），以及更高的调制模式（目前最高采用了 256QAM），所以 5G 网络获得了远超以往的超高速率，其每比特功耗、频谱效率、网络能效方面远远优于 4G 网络。

1.1.3　5G 高速率特点

5G 网络的峰值速率达到了 10 Gbps 以上，目前最新技术标准下 5G 网络峰值速率将达到 20 Gbps，下载一个超高清视频只需几秒钟。在用户体验速率方面，5G 网络的用户感知速率从 100 Mbps 到 1 Gbps 以上，而 4G 网络在这个方面只能达到十几到几十兆比特每秒的速率，更不要说 3G 网络的几兆比特每秒，2G 网络的几十千比特每秒，在 5G 网络中通过用户体验速率大幅度提高才能实现高清视频的流畅体验，5G 网络通过比 4G 超过 10 倍的速率给 4K 以上的视频播放、VR 虚拟现实技术和 AR 增强现实技术的实现提供了便利的条件。尤其是在推广 VR 和 AR 应用条件之下，通过 5G 的高速率特点，减少 VR 和 AR 的视频延迟，减少用户的眩晕感，利用超高清画面、超高刷新率，能极大地提高用户的浸入式体验。

1.1.4　5G 万物互联特点

5G 网络每平方千米支持终端数量达到了 100 万个。未来接入到网络中的终端，不仅是今天广泛使用的手机，还会有更多千奇百怪的产品。可以说，人们生活中每一个产品都可以通过 5G 接入网络。例如，日常生活中所使用的眼镜、手机、衣服、腰带、鞋子接入网络，成为智能产品；家中的门窗、门锁、空气净化器、新风机、加湿器、空调、冰箱、洗衣机经过智能化的设计，通过 5G 接入网络成为智能家居；社会生活中大量以前不可能联网的设备也会进行联网工作，如停车位、井盖、电线杆、垃圾桶等公共设施，以前管理起来非常困难，未来随着制造业水平的提升，智能化也成为一种趋势。所以，5G 不仅能让这些设备与人连接，也能让设备和设备之间进行连接，真正意义上实现物联网万物互联的目标，改变人类社会生活与生产的方式。

1.1.5　5G 低时延特点

4G 网络的出现使移动网络的时延迈进了 100 ms 的关口，目前使用的 4G 网络中，端到端的理想时延为 10 ms 左右，典型时延为 50～100 ms，从而使对实时性要求比较高的应用如在线游戏、视频、数据电话成为可能。而 5G 提出毫秒级的端到端时延目标，会为更多对时延要求极致的应用提供生长的土壤。

5G 技术通过对帧结构的优化设计，将每个子帧在时域上进行缩短从而在物理层上进行时延的优化，相信在后期 5G 信令的设计上也会采用以降低时延为目标的信令结构优化，因此目前 5G 网络的空口时延从 4G 的 10 ms 降低到了 1 ms，端到端时延从 4G 的 50 ms 降低到了 10 ms，这意味着 5G 将端到端时延缩短为 4G 的 1/10。

　　无人驾驶飞机、无人驾驶汽车及工业自动化都是以高速度方式运行，需要网络在高速中保证及时信息传递和及时反应，这就对时延提出了极高的要求，网络时延越低，系统的响应速度越快，整体安全性就越高。

课后复习及难点介绍

5G 技术特点
认知

课后习题

　　1. 5G 能在哪些方面提供便利性？

　　2. 5G 与 4G 相比较，优势在哪些方面？

任务2　5G 的三大应用场景

课前引导

　　由于5G 技术具有高速率、低时延、大连接等特点，因此5G 提供的业务类型也将越来越丰富多样，3GPP 将5G 支持的多种类的业务划分为三大应用场景。请大家就未来5G 网络提供哪些业务并将其划分为哪些不同应用场景展开讨论；同时针对不同的应用场景，思考如何颠覆在4G 时代形成的流量经营模式来设计5G 新的商业模式。

任务描述

　　通过本任务的学习，了解5G 的 eMBB、mMTC 和 uRLLC 三大应用场景；通过熟悉 eMBB 场景（超高清视频、高清直播、VR 和 AR 等）、mMTC 场景（智能家居、智能穿戴、智慧城市等）、uRLLC 场景（自动驾驶、工业自动化和远程医疗等）的典型应用，思考如何通过商业模式的创新设计推动5G 技术的高速发展。

任务目标

- 能描述 eMBB 业务场景的典型应用。
- 能描述 mMTC 业务场景的典型应用。
- 能描述 uRLLC 业务场景的典型应用。
- 能描述 5G 网络商业模式的创新。

1.2.1　三大应用场景概述

3GPP 定义了 5G 应用场景的三大方向——eMBB（增强移动宽带）、mMTC（海量机器类通信）、uRLLC（超高可靠超低时延通信），如图 1-1 所示。同时，也规定了 5G 网络的性能要求，如峰值速率达到 20 Gbps、连接密度达到每平方千米 100 万个终端、支持移动速率达到每小时 500 km、空口时延达到 1 ms 等多方面远远超过目前的 4G 网络能力。

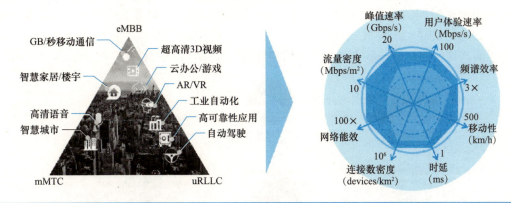

指标名称	流量密度	连接数密度	时延	移动性	网络能效	用户体验速率	频谱效率	峰值速率
4G 参考值	0.1 Mbps/m²	10 万 devices/km²	空口 10 ms	350 km/h	1 倍	10 Mbps	1 倍	1 Gbps
5G 取值	10 Tbps/km²	100 万 devices/km²	空口 1 ms	500 km/h	100 倍提升	0.1～1 Gbps	3 倍提升	20 Gbps

图 1-1　ITU 对于 5G 应用场景划分和性能要求

1.2.2　eMBB（增强移动宽带）场景

eMBB 主要用于 3D/超高清视频等大流量移动宽带业务，该场景下的典型应用如图 1-2 所示。

8K云VR直播

超高清8K VR直播，超过100Mbps上行直播图像传输速率

VR云游戏

VR游戏在边缘计算单元实时媒体处理，GPU图像渲染等，用户无须配置VR游戏主机，仅需VR显示单元

智慧旅游/会展

会展或旅游景点部署人脸识别摄像头，通过5G回传，实现人脸识别、认证及轨迹跟踪

AR远程协作

头戴式AR设备，通过5G实现高清视频双向通信，实现AR协作辅助

高清远程示教

可应用于远程教育、远程信访等具体业务《一块屏幕改变命运》

图 1-2　eMBB 的典型应用

（1）增强现实（Augmented Reality，AR）技术。AR技术是计算机在现实影像上叠加相应的图像技术，利用虚拟世界套入现实世界并与之进行互动，达到"增强"现实的目的。

（2）虚拟现实（Virtual Reality，VR）技术。VR技术是在计算机上生成一个三维空间，并利用这个空间提供给使用者关于视觉、听觉、触觉等感官的虚拟，让使用者仿佛身临其境一般。

1.2.3 mMTC（海量机器类通信）场景

mMTC主要用于大规模物联网业务，该场景下的典型应用如图1-3所示。IoT（Internet of Thing，物联网）应用是5G技术所瞄准的发展主轴之一，而网络等待时间的性能表现将成为5G技术能否在物联网应用市场上攻城略地的重要衡量指针。智能水表、电表的数据传输量小，对网络等待时间的要求也不高，使用NB-IoT相当合适；对于某些攸关人身安全的物联网应用，如与医院联机的穿戴式血压计，则网络等待时间就显得非常重要，采用mMTC会是比较理想的选择。而这些分散在各垂直领域的物联网应用，正是5G生态圈形成的重要基础。

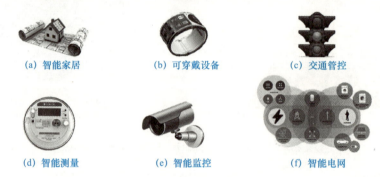

  (a) 智能家居   (b) 可穿戴设备   (c) 交通管控

  (d) 智能测量   (e) 智能监控   (f) 智能电网

图1-3 mMTC的典型应用

在4G技术定义初期，并没有把物联网的需求纳入考虑，因此业界后来又发展出NB-IoT，以补上这个缺口。5G则与4G不同，在标准定义初期，就把物联网应用的需求纳入考虑，并制定出对应的mMTC技术标准。不过，目前还很难断言mMTC是否会完全取代NB-IoT，因为mMTC与NB-IoT虽然在应用领域有所重叠，但mMTC会具备一些NB-IoT所没有的特性，如极低的网络等待时间。

1.2.4 uRLLC（超高可靠超低时延）场景

uRLLC主要用于如无人驾驶、工业自动化等需要低时延、高可靠连接的业务，该场景下的典型应用如图1-4所示。uRLLC主要满足人－物连接对时延要求低至1 ms、可靠性高至99.999%的场景下的业务需求，主要应用包括车联网的自动驾驶、工业自动化、移动医疗等。随着需求的变化及配套技术的发展，uRLLC超高可靠超低时延通信场景也将稳步推进，未来uRLLC场景主要应用于以下几个方面。

（1）远程控制：时延要求低，可靠性要求低。

（2）工厂自动化：时延要求高，可靠性要求高。

（3）智能管道抄表等管理：可靠性要求高，时延要求适中。

（4）过程自动化：可靠性要求高，时延要求低。

（5）车辆自动指引/ITS/触觉Internet：时延要求高，可靠性要求低。

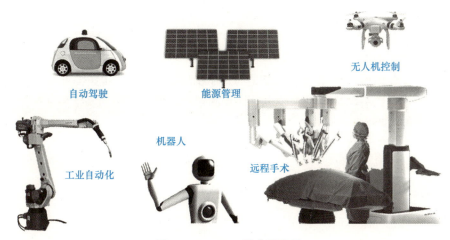

无人机控制

自动驾驶

能源管理

工业自动化

机器人

远程手术

图 1-4　uRLLC 的典型应用

1.2.5　5G 网络的商业模式

在 4G 时代，网络进入流量经营阶段，数据业务增长带给了运营商利润增长，但是随着不限流量套餐的推出，原有用户价值体系被打破，运营商无法再通过流量的高低来评估用户价值的高低，而网络也仅仅扮演管道的角色，因此运营商必须要寻找新的发展契机来打破当前的僵局，而商业模式的创新变得尤为关键，5G 商业模式的创新不仅要能为企业带来持久的竞争优势，也要能提供新的收入增长点，如图 1-5 所示。

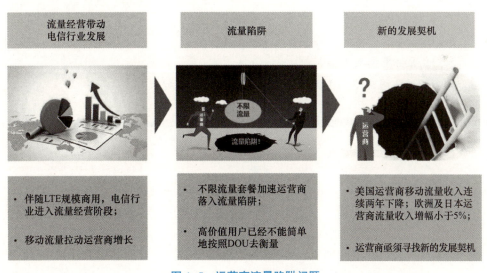

流量经营带动
电信行业发展

流量陷阱

新的发展契机

不限
流量

流量陷阱!

运营商

?

· 伴随LTE规模商用，电信行业进入流量经营阶段；

· 移动流量拉动运营商增长

· 不限流量套餐加速运营商落入流量陷阱；

· 高价值用户已经不能简单地按照DOU去衡量

· 美国运营商移动流量收入连续两年下降；欧洲及日本运营商流量收入增幅小于5%；

· 运营商亟须寻找新的发展契机

图 1-5　运营商流量陷阱问题

如何在 5G 网络中构建新的商业模式呢？由于 5G 定义了三大应用场景，在不同场景下产生差异化的业务需求，这种差异化的业务需求，要求网络能够分别提供满足不同需求的功能。从这些差异化的需求出发，通过围绕关键要素可以诞生 5G 创新的商业模式。商业模式创新的关键要素有以下几个方面。

（1）围绕用户需求为中心：细分用户需求，不仅仅要为用户提供高速率、高带宽、低时延的体验，更要为用户提供丰富的 5G 内容和应用。在此基础上，还能够提供给用户边缘计算和云计算等网络服务。

（2）网络服务能力要开放：网络平台提供开放的 API 接口，方便第三方快速在平台部署新业务新应用，更好地满足用户的需求。

（3）网络切片化运营：网络切片不仅是 5G 网络的技术优势，也是商业模式创新的要素之一。面对垂直行业可以将网络根据需要进行切片的划分，形成定制的网络切片产品，快速灵活地满足垂直行业的需求。

课后复习及难点介绍

5G 网络架构
认知

课后习题

1．5G 的三大应用场景有哪些？

2．5G 的商业模式有哪些？

3．为什么 4G 网络中的 VR 和 AR 并未出现爆发性增长？

任务 3　5G 系统的网络架构

课前引导

　　在了解了 5G 网络的技术特点和三大应用场景之后，大家有没有思考过 5G 网络是如何来实现其高速率、低时延、大连接这些技术特点的，是如何支持三大应用场景的。对于这些问题的回答必须先认识 5G 系统的网络架构，了解 5G 各个网元的功能，以及对应的接口功能。

任务描述

　　本任务需要学习 5G 系统的网络架构（终端、5G 无线接入网和 5G 核心网），认识 5G 网络部署方式（独立和非独立部署），了解 5G 基站的演进过程（CU 与 DU、DU 和 AAU 功能划分）、5G 基站在整个 5G 网络中起到的作用。熟悉相关的接口，学习 5G 基站在不同场景下的部署方式。

任务目标

- 了解 5G 系统的网络架构。
- 了解 5G 系统的网元功能。
- 了解 5G 系统的接口功能。
- 能够绘制 5G 系统的网络架构图。

1.3.1 5G 网络架构

5G 网络架构如图 1-6 所示。在 4G 到 5G 演进过程中，核心网侧从 EPC（Evolved Packet Core，演进的核心网）向 5GC 演进，而无线侧网络组成类似，由 5G 基站 gNB（gNodeB）和 4G 基站 ng-eNB（eNodeB）组成。

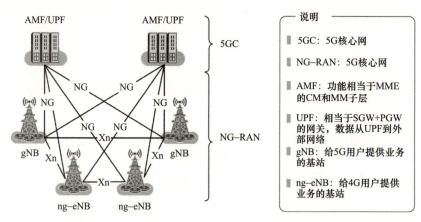

图 1-6 5G 网络架构

AMF—Access and Mobility Management Function（接入和移动管理功能）；UPF—User Plane Function（用户面管理功能）

1.3.2 5G 网络的部署方式

5G 网络分为两种方式：独立部署（Standalone，SA）和非独立部署（Non-Standalone，NSA）。

SA 部署方式是指以 5G NR 作为控制面锚点接入 5GC，如图 1-7 所示。其中，5GC 称为 5G 核心网，NR 称为 5G 新空口。

图 1-7 SA 部署方式

NSA 部署方式是指 5G NR 的部署以 LTE eNB 作为控制面锚点接入 EPC，或者以 eLTE eNB 作为控制面锚点接入 5GC，如图 1-8 所示。其中，Option 3 与 Option 7 的区别在于：Option 3 的核心网采用 EPC，使用 LTE eNB；而 Option 7 的核心网采用 5GC，使用 eLTE eNB。

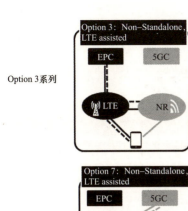
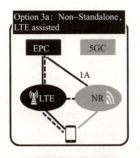
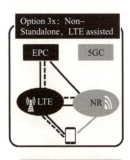
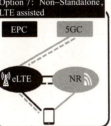
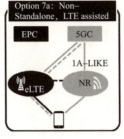
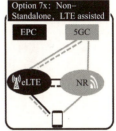

图 1-8　NSA 部署方式

SA 组网和 NSA 组网的优劣如表 1-1 所示。目前国内运营商在 5G 网络建设初期主要采用 NSA 组网方案，而在之后将主要采用 SA 组网策略。

表 1-1　SA 组网和 NSA 组网的优劣

SA 组网的优势	NSA 组网的优势
（1）独立组网一步到位，对 4G 网络无影响 （2）支持 5G 各种新业务及网络切片	（1）按需建设 5G，建网速度快，投资回报快 （2）标准冻结较早，产业相对成熟，业务连续性好
SA 组网的劣势	**NSA 组网的劣势**
（1）需要成片连续覆盖，建设工程周期较长 （2）需要独立建设 5GC 核心网 （3）初期投资大	（1）难以引入 5G 新业务 （2）与 4G 强绑定关系，升级过程较为复杂 （3）投资总成本较高

1.3.3　5G 基站的内部结构

根据不同场景和业务的需求，5G 基站的功能重构为 CU 和 DU 两个功能实体。CU 与 DU 功能的切分以处理内容的实时性进行区分，可以合一部署，也可以分开部署。

CU（Centralized Unit）：主要包括非实时的无线高层协议栈功能，同时也支持部分核心网功能下沉和边缘应用业务的部署。

DU（Distributed Unit）：主要处理物理层功能和实时性需求的媒体接入控制功能。考虑节省 AAU 与 DU 之间的传输资源，部分物理层功能也可上移至 RRU/AAU 实现。CU 和 DU 之间是 F1 接口。

AAU：原 BBU 基带功能部分上移，以降低 DU-AAU 之间的传输带宽。

4G 到 5G 的基站变化如图 1-9 所示。

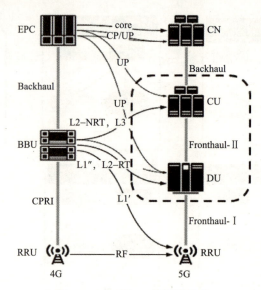

图 1-9　4G 到 5G 的基站变化

图 1-9 中，对 LTE 网元及功能与 5G 系统进行了对比，可以看到，采用 CU 和 DU 结构后，CU 和 DU 可以由独立的硬件来实现。从功能上看，一部分核心网功能可以下移到 CU 甚至 DU 中，用于实现移动边缘计算。此外，原先所有的 L1/L2/L3 等功能都在 BBU 中实现，新的结构下可以将 L1/L2/L3 功能分离，分别放在 CU 和 DU 甚至 AAU 中来实现，以便灵活地应对传输和业务需求的变化。

CU/DU 高层切分：3GPP R15 阶段 CU/DU 高层分割采用 Option 2，也就是将 PDCP/RRC 作为集中单元且将 RLC/MAC/PHY 作为分布单元。

DU/AAU 低层切分：BBU/AAU 之间的接口目前有行业组织在研究，暂时尚未完成标准化，目前还是以各个基站厂家内部标准为主。

CU-DU 功能灵活切分的好处在于：硬件实现灵活，可以节省成本；CU 和 DU 分离的结构下可以实现性能和负荷管理的协调、实时性能优化并使用 NFV/SDN 功能；功能分割可配置能够满足不同应用场景的需求，如传输时延的多变性。

DU-AAU 功能切分的好处在于：进入 5G 时代，由于信道带宽的增加，BBU 与 AAU 之间流量的需求已经达到了几十吉比特甚至上百太比特。此时，传统的 CPRI 接口已经无法满足传输数据的需要，通过对 CPRI 接口重新切分，将 BBU 部分物理层功能下沉到 AAU，形成新的 CPRI 接口，可以大大降低新 CPRI 接口流量。

1.3.4　5G 基站的工作原理

5G 基站是 5G 网络的核心设备，提供无线覆盖，实现有线通信网络与无线终端之间的无线信号传输，在系统中的位置如图 1-10 所示。

5G 基站通过传输网络连接到核心网，完成控制信令、业务信息的传送工作，基站侧将控制信令、业务信息经过基带和射频处理，然后传输至天线进行发射。终端通过无线信道接收天线所发射的无线电波，然后解调出属于自己的信号完成从核心网到无线终端的信息接收，无线通信网是一个双向通信的过程，终端也会通过自身的天线发射无线电波，基站侧接收后将解调出对应的控制信令、业务信息通过传输网络发送给核心网侧。

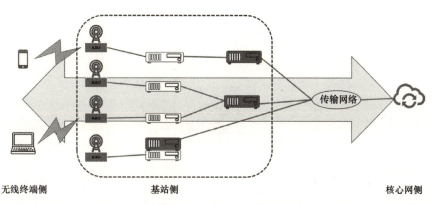

无线终端侧　　　　　　　　　　**基站侧**　　　　　　　　　　　　　**核心网侧**

图 1-10　5G 基站的工作原理

1.3.5　5G 基站的部署方式

RAN 切分后带来的 5G 多种部署方式如图 1-11 所示。

（1）D-RAN：分布式 RAN，类似传统 4G 的部署方式，采用 BBU 分布式部署。

（2）C-RAN：云化 RAN，又分为 CU 云化 &DU 分布式部署和 CU 云化 &DU 集中式部署。

① CU 云化 &DU 分布式：CU 集中部署，DU 类似传统 4G 分布式部署。

② CU 云化 &DU 集中式：CU 和 DU 各自采用集中式部署。

分布式部署需要更多机房资源，但每个单元的传输带宽需求小，更加灵活。集中式部署节省机房资源，但需要更大的传输带宽。未来可根据不同场景需要，灵活组网，如图 1-12 所示。

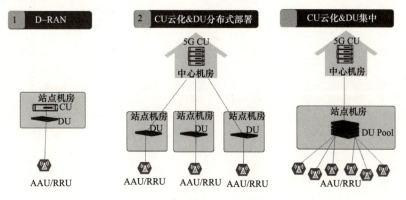

图 1-11　5G 基站的部署方式

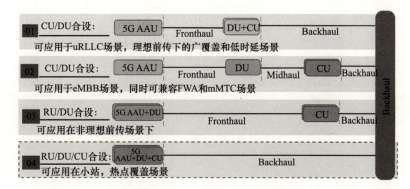

图 1-12　CU 和 DU 灵活组网场景

课后复习及难点介绍

5G 应用场景
认知

 课后习题

1. 简述 5G 两种网络部署方式的差异化。
2. CU 的主要功能是什么？
3. 简述 5G 网络架构的组成。网元之间的接口名称是什么？

项目 2

5G NR 原理认知

项目概述

作为通用网络技术，5G 将全面构筑经济社会数字化转型的关键基础设施，5G 与垂直行业的融合应用将孕育新兴信息产品和服务，改变人们的生活方式，促进信息消费，并逐步渗透到经济社会各行业各领域，重塑传统产业发展模式，并拓展创新创业空间，这些功能的实现和推广，都是得益于我们已经完全掌握5G 网络的关键技术。本项目主要包括 5G NR 原理、关键技术和接口协议等方面的知识，通过对于 5G NR 空口关键技术（Massive MIMO技术、毫米波技术、5G 新编码技术，以及 5G新空口和新多址等技术）、5G NR 网络关键技术（SDN/NFV 技术、网络切片技术、MEC 技术和 UDN 等技术）、5G NR 接口协议（NG 接口、Xn 接口、F1 接口和 Uu 接口）的学习，完成对 5G NR 原理的认知过程。

项目目标

- 了解 5G NR 空口关键技术。
- 了解 5G NR 网络关键技术。
- 掌握 5G NR 接口协议。

知识地图

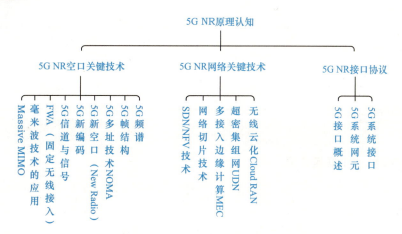

5G NR原理认知

- 5G NR空口关键技术
  - Massive MIMO
  - 毫米波技术的应用
  - FWA（固定无线接入）
  - 5G信道与信号
  - 5G新编码
  - 5G新空口（New Radio）
  - 5G多址技术NOMA
  - 5G帧结构
  - 5G频谱

- 5G NR网络关键技术
  - SDN/NFV技术
  - 网络切片技术
  - 多接入边缘计算MEC
  - 超密集组网UDN
  - 无线云化Cloud RAN

- 5G NR接口协议
  - 5G接口概述
  - 5G系统网元
  - 5G系统接口

任务 1　5G NR 空口关键技术

▷ 课前引导

　　5G 空口是连接 5G 终端和 5G 基站之间的接口，由于 5G 的新技术需求，因此 5G 的空口相较于之前的网络制式存在较大的差异。上行新增的 CP-OFDM 技术会对网络带来什么好处？灵活的子载波间隔给无线帧结构带来怎样的影响？

任务描述 ◁

　　在项目 1 中掌握了 5G 的技术特点和三大应用场景方面的知识，在本任务中将深入地了解 5G NR 空口关键技术，掌握空口关键技术中的大规模 MIMO、毫米波、5G 信道和信号、5G 新编码、5G 帧结构和 5G 频谱等方面的内容。

▷ 任务目标

　　● 了解 5G NR 空口关键技术

2.1.1 Massive MIMO

（1）多天线 MIMO 技术是指基站和终端收发的天线数明显增加。多天线 MIMO 技术分为发送分集、空间复用、波束赋形、多用户 MIMO 4 类。

① 发送分集：主要原理是利用空间信道的弱相关性，结合时间／频率上的选择性，为信号的传递提供更多的副本，从而克服信道衰落，增强数据传输的可靠性。

② 空间复用：在相同的时频资源上，存在多层，传输多条数据流。

③ 波束赋形：通过调整天线阵列中每个阵元的加权系数产生具有指向性的波束，从而获得明显的阵列增益。

④ 多用户 MIMO：MIMO（Multiple-Input Multiple-Output，多输入输出）将用户数据分解为多个并行的数据流，在指定的带宽上由多个发射天线同时发射，经过无线信道后，由多个天线同时接收，并根据各个并行数据流的空间特征，利用解调技术，最终恢复出原数据流。

Massive MIMO 即大规模 MIMO 技术，如图 2-1 所示，其基站天线数量远大于传统 MIMO，能有效提高系统容量和频谱效率。Massive MIMO 技术以 MIMO 技术为基础，其在发射端和接收端分别使用多个发射天线和接收天线，使信号通过发射端和接收端的多个天线传送和接收，从而改善通信质量。虽然高频传播损耗非常大，但是由于高频段波长很短，因此可以在有限的面积内部署非常多的天线阵子，通过大规模天线阵列形成具有高增益的窄波束来抵消传播损耗，并且根据概率统计学原理，当基站侧天线数远大于用户天线数时，基站到各个用户的信道将趋于正交，这种情况下，用户间干扰将趋于消失。巨大的阵列增益将能够有效提升每个用户的信噪比，从而利用空分多址技术，可以在同一时频资源上服务多个用户，即 MU-MIMO，提高用户容量。

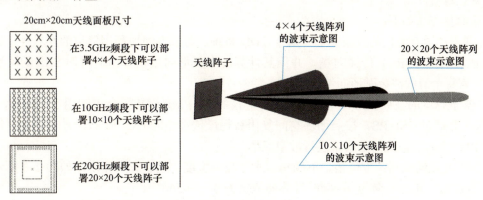

图 2-1 5G 大规模天线技术

（2）Massive MIMO 技术的优点如下。

① 波束分辨率变高，信道向量具有精细的方向性。

② 强散射环境之下用户信道具有低相关性。

③ 视距环境之下用户信道空间自由度提高。

④ 阵列增益明显增加，干扰抑制能力提高。

Massive MIMO 也称为 3D MIMO，传统的 MIMO 只支持单纯水平面或垂直面的信号分析。平面信号无法识别中心用户和小区边缘用户，也无法跟踪终端，消除其对其他用户或小区产生的干扰，还无法对高层楼宇进行广度和深度的室内覆盖。

3D MIMO 支持水平面和垂直面的三维信号分析，三维立体信号可以识别中心用户和小区边缘用户。三维立体信号可以灵活跟踪终端，消除其对其他用户或小区产生的干扰，还可以对高层楼宇进行广度和深度的室内覆盖。

（3）Massive MIMO 的关键技术如下。

① 空分复用：如图 2-2 所示，超过 100 根天线，比传统 8 根天线获得更高的空分复用增益，大大提升了频谱资源利用率；相比传统 LTE 系统，支持更高阶 MU-MIMO，支持远超过 8 个用户同时传输数据；大规模天线整列的多径效应可以更有利地评估信道的噪声和用户间的干扰；较大整列阵列增益能提高发射功率的效率，降低基站能耗，实现绿色通信的最终目的；大规模天线整列相比传统 LTE，有更高、更远、更深的覆盖。

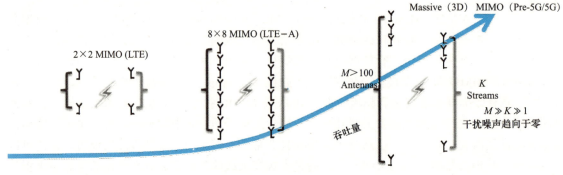

图 2-2　空分复用

② 波束赋形：一种基于天线阵列的信号预处理技术，波束赋形通过调整天线阵列中每个阵元的加权系数产生具有指向性的波束，从而能够获得明显的阵列增益。其优点是扩大覆盖范围、改善边缘吞吐量及干扰抑制等。

波束赋形方法如下。

a．基于信道互易性的波束赋形：对于 TDD 系统，可以方便地利用信道的互易性，通过上行信号估计信道（SRS）传播向量，并用其计算波束赋形向量。基站通过对 SRS 的测量获得 CSI 且计算每个流的波束赋形向量。

b．基于码本的波束赋形：基站根据 UE 上报的 RI-PMI-CQI 组合得知用于 PMI 模式的最佳波束。UE 通过 CSI-RS，按照闭环空间复用获得最佳性能的 PMI 和 RI，并计算基站使用其推荐的 PMI 之后获得的信道质量进行波束赋形。

波束用 4 元组刻画：方位角、下倾角、水平波束宽度、垂直波束宽度，如图 2-3 所示。

① 方位角：正北方向为 0，顺时针旋转依次为 0°～360°。

② 下倾角：天线法线（垂直于天线天面）与波束中线夹角，向下为正，向上为负。

③ 波束宽度：波束两个半功率点（下降 3 dB）之间的夹角，可分为水平波束宽度和垂直波束宽度。

④ 水平波束宽度：在水平方向上，在最大辐射方向两侧，辐射功率下降 3 dB 的两个方向的夹角。

⑤ 垂直波束宽度：在垂直方向上，在最大辐射方向两侧，辐射功率下降 3 dB 的两个方向的夹角。

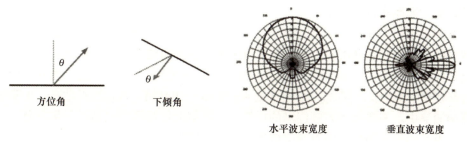

方位角　　　下倾角　　　水平波束宽度　　　垂直波束宽度

图 2-3　波束赋形

2.1.2 毫米波技术的应用

为满足 5G 所期望达到的 KPI，使用更高的带宽是一个必然的选择，而大带宽目前只有在较高频段才可能提供。ITU 针对 5G 提出了 8 个关键指标，其中 Peak Data Rate 大于 20 Gbps，Area Traffic Capacity 大于 10 Mbps 每平方米，User Experienced Data Rate 大于 100 Mbps，都是针对移动系统吞吐量这方面提的指标。要想提升吞吐量，主要从 3 个方面来努力，即更高的频谱效率、更密集的站点的部署、更大的带宽；从香农定理也可以看出，吞吐量跟带宽是成正比的。在 5G 通信中，考虑高频主要是因为目前只有在高频段上，才可以找到连续的数百兆赫兹甚至 1 GHz 的带宽，在这样的带宽上可以轻松实现数十吉比特每秒的峰值速率。而且由于高频传播特性，高频站可以进行很密集的部署，相应地也能支持单位面积吞吐量的指标。

由于高频覆盖受限，但是容量巨大，因此在 eMBB 场景下普遍认为高频非常适合做热点覆盖的解决方案，而且可以与 4G 或 5G 低频结合起来，为用户提供无缝的服务。

从具体的网络功能要求上来说，IMT-2020（5G）推进组织定义了 5G 的 4 个主要的应用场景：连续广域覆盖、热点高容量、低功耗大连接和低时延高可靠。连续广域覆盖和热点高容量场景主要满足未来的移动互联网业务需求。

连续广域覆盖场景是移动通信最基本的覆盖方式，以保证用户的移动性和业务连续性为目标，为用户提供无缝的高速业务体验。热点高容量场景主要面向局部热点区域，为用户提供极高的数据传输速率，满足用户极高的流量密度需求。

为了实现更高的网络容量，无线网络增加传输速率有 3 种方法：增加频谱利用率、增加频谱带宽、增加站点。最直接的办法就是增加频谱带宽，使用高频传输可以获得更大的频谱带宽，比较适合热点覆盖场景。

2.1.3 FWA（固定无线接入）

5G 在毫米波 FR2 频段能够提供最高 400 MHz 的带宽，同时还可以支持载波聚合功能，因此高频部署场景用户峰值速率能够达到与光纤相近的性能指标。所以，有些运营商把高频的应用场景率先定位在固定无线接入上，希望能够通过这种方式解决在光纤部署困难地方的网络部署问题。

FWA 并非只是替代光纤最后一公里接入，它实际上同时满足了两种 5G 用例：固定无线接入和增强型移动宽带。白天，它可以为附近的移动用户提供高速无线宽带；夜里，当人们下班回家，它可以通过改变波束方向，指向家庭中的 FWA 终端，为家庭提供高速上网。这使得这一技术具备扩展性和持续性。

在 FTTH（Fiber To The Home，光纤到户）建设中，最后一公里接入是复杂的环节之一，也是最难解决的问题，有物业阻挠、二次施工难度大、室内布线业主担心损坏装修等问题，且后期维护成本也高。FWA 由于采用无线接入，建设和维护成本低、部署便捷，尤其适用于光纤还未到户的家庭和中小企业。同时，5G 速率是 4G 的 10～100 倍，这也能满足家庭宽带的需求。

在高频通信中，需要考虑高频组网的损耗，高频信道传播损耗包括以下几方面。

（1）自由空间传播损耗：随着频率增加呈对数级增加。

（2）穿透损耗：高频段的穿透损耗远远大于低频段。例如，对于一堵墙，28 GHz 的穿透损耗要比 2 GHz 大 20 dB 左右。

（3）衍射绕射损耗：高频的衍射和绕射能力都弱于低频。

（4）雨衰和大气影响：高频段信号雨衰大于低频段信号，雨量越大差距越明显。

典型场景下，10 GHz/28 GHz 相对 2.6 GHz，额外的传播损耗对比如表 2-1 所示。

表 2-1　传播损耗对比

自由空间传播损耗	衍射损耗	树叶穿透损耗	房子穿透损耗	室内损耗	总损耗
10 GHz：+ 12 dB 28 GHz：+ 20 dB	10 GHz：+ 5 dB 28 GHz：+ 10 dB	10 GHz：+ 4 dB 28 GHz：+ 8 dB	10 GHz：+ 8 dB 28 GHz：+ 14 dB	10 GHz：+ 2 dB 28 GHz：+ 5 dB	10 GHz：+ 30 dB 28 GHz：+ 57 dB

虽然高频传播损耗非常大，但是由于高频段波长很短，因此可以在有限的面积内部署非常多的天线阵子，通过大规模天线阵列形成具有非常高增益的窄波束来抵消传播损耗。

一个 5G 高频基站的覆盖，是由多个不同指向的波束所组成的；同时 UE 的天线也会具有指向性。波束管理的核心任务是如何找到具有最佳性能的发射-接收波束对，如图 2-4 所示。

基于高频的传播特性，单独的高频很难组网。在实际网络中，可以通过将 5G 高频与 4G 低频或 5G 低频结合实现一个高低频的混合组网。在这种架构下，低频承载控制面信息和部分用户面数据，高频在热点地区提供超高速率用户面数据，如图 2-5 所示。

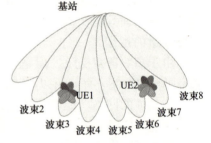

图 2-4　高频波束管理

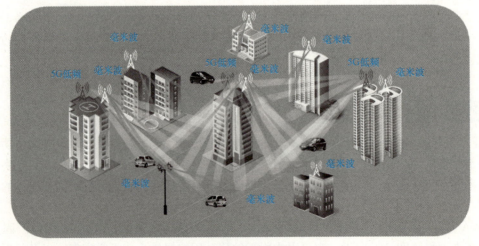

图 2-5 高低频混合组网

2.1.4　5G 信道与信号

5G 上下行信道如图 2-6 所示，分为逻辑信道、传输信道和物理信道。与 LTE 相比，NR 中没有 PCFICH 和 PHICH 物理信道，PDCCH 所占的资源不再由 PCFICH 指示，时频域资源由高层参数 CORESET-freq-dom、CORESET-time-dur 确定。信道映射方面，下行 BCCH 分两路：一路映射到 BCH，再到物理信道 PBCH；另一路映射到 DL-SCH，再到物理信道 PDSCH。下行寻呼控制信道映射方向：PCCH 先映射到寻呼信道 PCH，再映射到 PDSCH。上行 PRACH 映射到传输信道 RACH，无对应的逻辑信道。

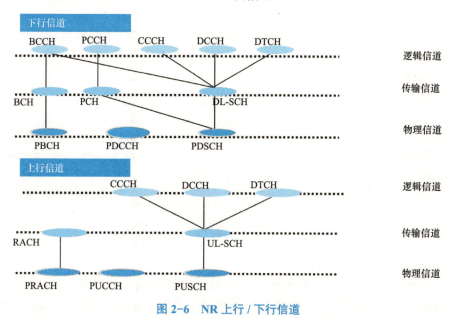

图 2-6　NR 上行 / 下行信道

5G 上下行物理信号如表 2-2 所示，是物理层使用的但不承载任何来自高层信息的信号。

表 2-2　5G 上下行物理信号

上行物理信号	解调参考信号（Demodulation Reference Signals，DM-RS）
	相位跟踪参考信号（Phase-Tracking Reference Signals，PT-RS）高频使用降噪
	探测参考信号（Sounding Reference Signal，SRS）
下行物理信号	解调参考信号（Demodulation Reference Signals，DM-RS）
	相位跟踪参考信号（Phase-Tracking Reference Signals，PT-RS）高频使用降噪
	信道状态信息参考信号（Channel-State Information Reference Signal，CSI-RS）
	主同步信号（Primary Synchronization Signal，PSS）
	辅同步信号（Secondary Synchronization signal，SSS）

相对 LTE 中 NR 不再使用 CRS，上下行物理信号的功能如下。

（1）PSS/SSS：在小区内周期传送，其周期由网络进行配置。UE 可以基于这些信号来检测和维持小区定时。如果 gNB 采用混合波束赋形，那么 PSS 和 SSS 在每个模拟波束上分别发送。

（2）DMRS：主要用于对应信道（PDSCH、PDCCH、PUCCH、PUSCH）的相干解调的信

道估计。

（3）PT-RS：对不包含 DMRS 的 PDSCH（或 PUSCH）符号间的相位错误进行校正，也可用于多普勒和时变信道的追踪。

（4）CSI-RS：用于对信道状态进行估计，以便对 gNB 发送反馈报告，来辅助进行 MCS 选择、波束赋形、MIMO 秩选择和资源分配等工作。

（5）SRS：用于上行信道状态信息的估计，以辅助进行上行调度、上行功控，还可用于辅助进行下行发送（如基于上下行互易性的下行波束赋形）。

2.1.5 5G 新编码

5G NR 信道编码标准订立是在 3GPP RAN1#87 次会议上，3GPP 最终确定了 5G eMBB（增强移动宽带）场景的信道编码技术方案。其中，Polar 码作为控制信道的编码方案；LDPC 码作为数据信道的编码方案，如表 2-3 所示。

表 2-3　NR 信道编码标准

传输信道	编码方案	控制信道	编码方案
上下行共享信道	LDPC	DCI	Polar Code
PCH		UCI	Block Code
BCH	Polar Code		Polar Code

LDPC（Low Density Parity Check Code）码是一种稀疏校验矩阵线性分组码。数据信道用 LDPC 码代替 Turbo 码的原因如下。

（1）Turbo 码的特点是编码复杂度低，但解码复杂度高，而 LDPC 码刚好与之相反。LDPC 编码相比 Turbo 编码有 0.5 dB 的信噪比增益，适用于 eMBB 场景（码块大于 10000 且码率要达到 8/9）。

（2）LDPC 本质上采用并行的处理方式，而 Turbo 码本质上是串行的，因而 LDPC 更适合支持低时延应用。

（3）LDCP 码可以支持上下行峰值速率分别为 20 Gbps/10 Gbps 的 eMBB 场景，Turbo 码则只能支持 1 Gbps 的处理能力。

Polar 码在 2008 年国际信息论会议上，土耳其毕尔肯大学教授 Arikan 首次提出了信道极化的概念，基于该理论，他给出了人类已知的第一种能够被严格证明达到信道容量的信道编码方法，并命名为极化码（Polar Code）。Polar 码具有明确而简单的编码及译码算法，具有较低的编译码复杂度。极化码的基本思想就是利用信道的两极分化现象，把承载较多信息的比特放在理想信道中传输。信道极化包括信道组合和信道分解部分。当组合信道的数目趋于无穷大时，则会出现极化现象：一部分信道趋于无噪信道；另一部分则趋于全噪信道，这种现象就是信道极化现象。无噪信道的传输速率将会达到信道容量 I（W），而全噪信道的传输速率趋于零。Polar 码的编码策略正是应用了这种现象的特性，利用无噪信道传输用户有用的信息，利用全噪信道传输约定的信息或不传信息。

码块的比特数为 18～25，或者大于 30 用的是 Polar 码，码块的比特数小于等于 11 时，用的是 Block Code。数据信道（PDSCH/PUSCH）使用 LDPC、大于等于 12 比特控制信道使用 Polar、小于等于 11 比特且大于等于 3 比特控制信道使用 LTE-RM、1 或 2 比特控制信道使用 Simplex。

2.1.6　5G 新空口（New Radio）

5G NR 设计过程中最重要的一项决定就是，采用基于 OFDM 优化的波形和多址接入技术，因为 OFDM 技术被当今的 4G LTE 和 Wi-Fi 系统广泛采用，由于其可扩展至大带宽应用，而具有高频谱效率和较低的数据复杂性，因此能够很好地满足 5G 要求。OFDM 技术家族可实现多种增强功能，如通过加窗或滤波增强频率本地化、在不同用户与服务间提高多路传输效率，以及创建单载波 OFDM 波形，实现高能效上行链路传输。面向 5G 新空口的可扩展 OFDM 如图 2-7 所示。

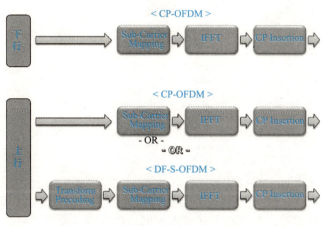

图 2-7　可扩展 OFDM

NR 物理层多址接入方案基于 OFDM + CP。上行链路支持 DFT-S-OFDM（Discrete Fourier Transform-Spread-OFDM）+ CP 或 OFDM + CP。为支持成对和不成对的频谱，NR 将同时支持 FDD 和 TDD 两种模式。

DFT-S-OFDM 全称离散傅里叶变换扩频的正交频分复用多址接入技术方案，是频域产生信号的单载波频分多址方案。5G 上行链路采用的是 DFT 拓展的 OFDM（DFT-S-OFDM），其功率谱在频域上类似于 SC-FDMA。最大的优势是峰均比比较好，对上行发射机的要求降低。OFDM 的峰均比很大，对线性功放的要求很高，但是在基站侧对成本的要求不是很高，所以下行采用 OFDM 发射，如图 2-8 所示。

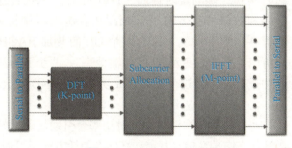

图 2-8　DFT-S-OFDM

2.1.7　5G 多址技术 NOMA

在 OFDM 子载波内采用 NOMA（Non-Orthogonal Multiple Access，非正交多址）技术。NOMA 用来在 mMTC、uRLLC、eMMB 小字节传输中使用。

（1）目前最主要的应用场景是 mMTC，不需要像之前那样传 Preamble 码，减少信令开销，信令开销降低了，功耗也同时降低了。同时，NOMA 技术可以使多个用户共享资源块，所以增加了海量终端连接数。

（2）对于 eMBB，相同的是资源可以使多个用户共享，提升了频谱效率，功耗也降低了（NOMA 主要支持小包突发性业务，eMBB 也有小包业务，大包业务对于接收机的复杂度要求高，所以一般不提供大数据包业务）。

（3）对于 uRLLC 的场景，用户接入更快（两步接入），时延降低，可靠性提升（主要针对时延来看）。

NOMA 会在多个场景下全面地适应网络效率的提升，它必须要适应不连续的、突发的小数据包业务，如图 2-9 所示。

- 降低5G NR空口信令开销
- 降低终端功耗
- 增加海量终端连接数

- 提升频谱效率
- 降低功耗
- 灵活地适配支持非连续突发小包业务的eMBB多种应用场景

- 降低空口时延
- 提升可靠性
- 提高资源和能耗使用效率

图 2-9　NOMA 应用场景

1. NOMA 应用场景——mMTC

5G mMTC 场景中，终端节点数量特别巨大：100 万 Device/km^2，势必要求节点的成本很低，功耗很低。在海量节点、低速率、低成本、低功耗这些要求下，目前 4G 的系统是无法满足这个要求的，主要体现为 4G 系统设计时主要针对的是高效的数据通信，是通过严格的接入流程和控制来达到这一目的的。如果非要在 4G 系统上承载上述场景，那么势必造成接入节点数远远不能满足要求，信令开销不能接受，节点成本居高不下，节点功耗不能数量级降低。因此有必要设计一种新的多址接入方式来满足上述需求。

RACH 过程也可以得到增强，NOMA 设计目标是提高接入容量（类似于 mMTC 的容量），同时实现准确的定时提前（TA）估计。RACH 中的传统四步可简化为两个步骤，其中带有前导码和数据一起传输。NOMA 在发送端应用扩频/交织加扰，在接收端使用高级接收器，即使存在异步和冲突，来自多个 UE 的叠加 RACH 信号（包括前导码和数据）也可以被解码，这可以显著提高 RACH 的传输效率。两步 RACH 过程从 RRC 空闲态开始，UE 标识在数据部分中进行，一旦这个数据被成功解码，gNB 就会向 UE 发送一个响应。

2. NOMA 应用场景——eMBB

小区边缘用户偏高的发射功率会引发显著的站间干扰，小区边缘用户基于传统接入方案的非激活状态终端在信令开销和高功率消耗方面不可避免，导致整体上小区边缘的频谱效率相对较低。

NOMA 通过基于竞争的空口资源共享和基于比特级的数据扩展增强频谱效率，从而降低了终端功耗和空口信令开销。

3. NOMA 应用场景——uRLLC

针对周期性或事件触发的相对小数据包的流量业务，基于现有交互式确认方案在 RTT 时延和空口信令开销上都是低效的。

NOMA 的目标就是降低时延、提升可靠性和空口资源效率。

多用户共享接入（Multi User Shared Access，MUSA）是重要的 NOMA 技术。当不启用 MUSA 时，不同的资源块分别调用给不同的用户，4 个 RB 最多只能支持 4 个用户，如图 2-10 所示。

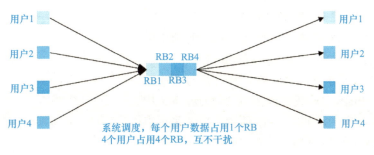

系统调度，每个用户数据占用1个RB
4个用户占用4个RB，互不干扰

图 2-10　不启用 MUSA

当启用 MUSA 时（图 2-11），MUSA 充分利用了远、近用户的发射功率差异，在发射端使用非正交复数扩频序列对数据进行调制，并在接收端使用连续干扰消除算法滤除干扰，恢复每个用户的数据。多用户共享接入允许多个用户复用相同的空口自由度，可显著提升系统的资源复用能力。作为一项多用户检测技术，SIC 早在 CDMA 中被采用。SIC 在性能上与传统检测器相比有较大提高，而且在硬件上改动不大，从而易于实现。

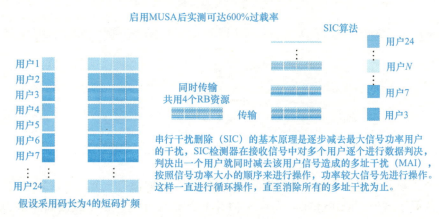

图 2-11　启用 MUSA

2.1.8　5G 帧结构

NR 无线帧结构如图 2-12 所示。5G NR 中定义的无线帧时域长度与 LTE 相同，即 10 ms，包含了 10 个长度为 1 ms 的子帧，每个无线帧依然可划分为两个 5 ms 半帧，第一个半帧包含子帧 0 ～子帧 4；第二个半帧包含子帧 5 ～子帧 9。

NR 中一样存在时隙的概念，但随着 μ 取值的变化，引起了符号的长度变化，最终导致时隙的时长可变。由于子帧和无线帧的时长是确定的，因此一个子帧或无线帧中，时隙的数量可变。

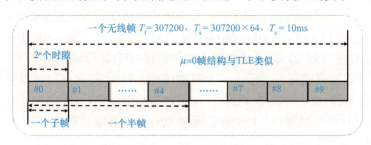

图 2-12　NR 无线帧结构

图 2-12 中，$T_c=1/（480000×4096）$ 为基本时间单元；T_s 为沿用的 LTE 基本时间单元。每个时隙中的 OFDM 符号可配置成上行、下行或 Flexible。

T_s 是 LTE 中最基本的时间单位，在计算过程中，FFT 采样点数为 2048，子载波间隔为 15 kHz，NR 中最基本的时间单位为 T_c，如图 2-13 所示。FFT 采样点数为 4096，子载波间隔使用最大的 480 kHz，参数 K 是为了表征 T_s 和 T_c 之间的关系，K 取值为 64。

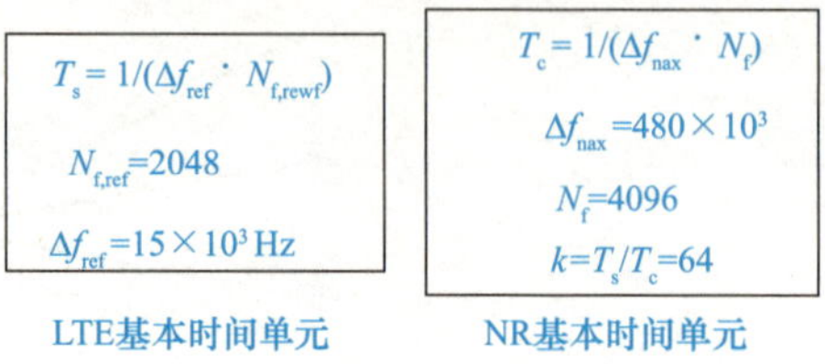

$$T_s = 1/(\Delta f_{ref} \cdot N_{f,rewf})$$
$$N_{f,ref}=2048$$
$$\Delta f_{ref}=15×10^3\,Hz$$

LTE基本时间单元

$$T_c = 1/(\Delta f_{nax} \cdot N_f)$$
$$\Delta f_{nax}=480×10^3$$
$$N_f=4096$$
$$k=T_s/T_c=64$$

NR基本时间单元

图 2-13　基本的时间单元 T_c 的定义

5G 引入了 Numerology 的概念（表 2-4），这个概念可翻译为参数集 μ。参数集主要包括子载波间隔、符号长度、CP 长度等。5G 的一大新特点是多个参数集（Numerology），可混合使用不同的参数集，也可单一使用参数集。Numerology 由子载波间隔 SCS（Sub Carrier Spacing）和循环前缀 CP（Cyclic Prefix）定义。在 LTE/LTE-A 中，子载波间隔是固定的 15 kHz，5G NR 定义的基本的子载波间隔也是 15 kHz，但可灵活扩展。

表 2-4　5G 参数集

μ	$\Delta f = 2^{\mu}×15$（kHz）	循环前缀 CP	数据	同步
0	15	正常	支持	支持
1	30	正常	支持	支持
2	60	正常、扩展	支持	不支持
3	120	正常	支持	支持
4	240	正常	不支持	支持

目前每个子帧包含多少个 slot 是根据 μ 值来确定的，μ 取值有 5 个，分别为 0、1、2、3、4，其中 0 对应的是子载波间隔 15 kHz，每个子帧有 1 个 slot；1 对应的子载波间隔是 30 kHz，每个子帧有 2 个 slot；2 对应的子载波间隔是 60 kHz，每个子帧有 4 个 slot；3 对应的子载波间隔是 120 kHz，每个子帧有 8 个 slot；4 对应的子载波间隔是 240 kHz，每个子帧有 16 个 slot。因为 μ 值不一样，对应的子载波间隔不一样，对应的 slot 不一样，对应的 Symbol 长度也不一样，但是子帧的长度是 1 ms，如图 2-14 所示。

5G 引入参数集概念其实是对高频段扩展的一个必然。LTE 系统设计的参数是 15 kHz 子载波（Normal CP），设计频率从 700 MHz 到 2.6 GHz，后来扩展到 3.5 GHz。但是 5G 系统的载频上移了，主要是低频段被 4G 占了，暂时不会清频，更重要的因素是低频可用连续带宽太少，使用载波聚合的信令开销又比较大。5G 需要针对高频率（mmW）设计更大的系统带宽（如 100 MHz 以上）。

大家知道在 LTE 中子帧有上下行之分，在 NR 中变成了符号级配置，如图 2-15 所示。对于上行时隙，可以使用上行和 Flexible 的 OFDM 符号进行上行传输。NR 中没有专门针对帧结构按照 FDD 或 TDD 进行划分，而是按照更小的颗粒度 OFDM 符号级别进行上下行传输划分，Slot Format 配置可以使调度更为灵活，一个时隙内的 OFDM 符号类型可以被定义为下行符号（D）、灵活符号（X）或上行符号（U）。在下行传输时隙内，UE 假定所包含符号类型只能是 D 或 X，而在上行传输时隙内，UE 假定所包含的符号类型只能是 U 或 X。目前暂定了 62 个 Slot Format，62 ～ 255 预留。

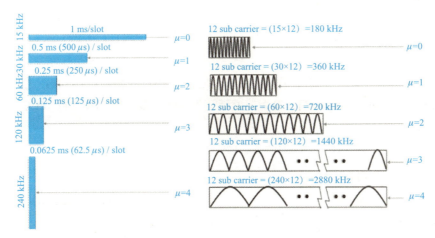

图 2-14　不同子载波间隔对应的时隙长度

Format	Symbol number in a slot													
	0	1	2	3	4	5	6	7	8	9	10	11	12	13
0	D	D	D	D	D	D	D	D	D	D	D	D	D	D
1	U	U	U	U	U	U	U	U	U	U	U	U	U	U
2	X	X	X	X	X	X	X	X	X	X	X	X	X	X
3	D	D	D	D	D	D	D	D	D	D	D	D	D	X
4	D	D	D	D	D	D	D	D	D	D	D	D	X	X
5	D	D	D	D	D	D	D	D	D	D	D	X	X	X
6	D	D	D	D	D	D	D	D	D	D	X	X	X	X
7	D	D	D	D	D	D	D	D	D	X	X	X	X	X
8	X	X	X	X	X	X	X	X	X	X	X	X	X	U
9	X	X	X	X	X	X	X	X	X	X	X	X	U	U
10	X	U	U	U	U	U	U	U	U	U	U	U	U	U
11	X	X	U	U	U	U	U	U	U	U	U	U	U	U
...	...													
58	D	D	X	X	X	X	X	X	X	X	X	U	U	U
59	D	X	X	X	X	X	X	X	X	X	X	X	U	U
60	D	X	X	X	X	X	X	X	X	X	X	X	X	U
61	D	D	X	X	X	X	X	X	X	X	X	X	X	U
62~255	Reserved													

图 2-15　每个时隙中的 OFDM 符号可配置

（1）对于上行时隙，可以使用上行和 Flexible 的 OFDM 符号进行上行传输。

（2）对于下行时隙，可以使用下行和 Flexible 的 OFDM 符号进行下行传输。

目前在 5G NR 中所使用的 3 种主流帧结构如图 2-16 所示，根据不同运营商对于网络上下行业务量的需求选择不同的帧结构类型。

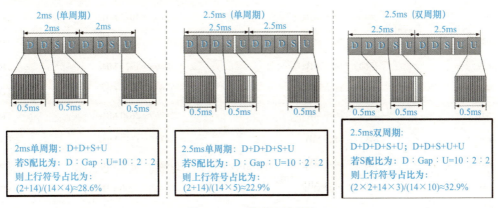

图 2-16　3 种主流帧结构

2.1.9　5G 频谱

3GPP 为 NR 定义了两个频率范围，如表 2-5 所示。FR1 通常称为 Sub 6G，最大信道带宽为 100 MHz。FR2 通常称为 Above 6G，最大信道带宽为 400 MHz。5G NR 支持 16CC 的载波聚合。

表 2-5　频率范围

频率范围设计	相关频率范围
FR1	450 ～ 6 000 MHz
FR2	24 250 ～ 52 600 MHz

5G NR 频段分为 FDD、TDD、SUL 和 SDL。SUL 和 SDL 为辅助频段（Supplementary Bands），分别代表上行和下行，如表 2-6 所示。与 LTE 不同，5G NR 频段号标识以 "n" 开头，如 LTE 的 B20（Band 20），5G NR 称为 n20。5G NR 包含了部分 LTE 频段，也新增了一些频段。目前全球最有可能优先部署的 5G 频段为 n77、n78、n79、n257、n258 和 n260，就是 3.3 ～ 4.2 GHz、4.4 ～ 5.0 GHz 和毫米波频段 26 GHz/28 GHz/39 GHz。

表 2-6　NR 工作频段 FR1

NR 工作频段号	上行工作频段基站接收 / 终端发射 频率范围	下行工作频段基站发射 / 终端接收 频率范围	双工模式
n1	1920 ～ 1980 MHz	2110 ～ 2170 MHz	FDD
n2	1850 ～ 1910 MHz	1930 ～ 1990 MHz	FDD
n3	1710 ～ 1785 MHz	1805 ～ 1880 MHz	FDD
n5	824 ～ 849 MHz	869 ～ 894 MHz	FDD
n7	2500 ～ 2570 MHz	2620 ～ 2690 MHz	FDD
n8	880 ～ 915 MHz	925 ～ 960 MHz	FDD
n12	699 ～ 716 MHz	729 ～ 746 MHz	FDD
n20	832 ～ 862 MHz	791 ～ 821 MHz	FDD
n25	1850 ～ 1915 MHz	1930 ～ 1995 MHz	FDD
n28	703 ～ 748 MHz	758 ～ 803 MHz	FDD
n34	2010 ～ 2025 MHz	2010 ～ 2025 MHz	TDD
n38	2570 ～ 2620 MHz	2570 ～ 2620 MHz	TDD
n39	1880 ～ 1920 MHz	1880 ～ 1920 MHz	TDD
n40	2300 ～ 2400 MHz	2300 ～ 2400 MHz	TDD
n41	2496 ～ 2690 MHz	2496 ～ 2690 MHz	TDD
n50	1432 ～ 1 517 MHz	1432 ～ 1517 MHz	TDD[1]
n51	1427 ～ 1432 MHz	1427 ～ 1432 MHz	TDD
n66	1710 ～ 1780 MHz	2110 ～ 2200 MHz	FDD

NR 工作频段号	上行工作频段基站接收 / 终端发射频率范围	下行工作频段基站发射 / 终端接收频率范围	双工模式
n70	1695 ～ 1710 MHz	1995 ～ 2020 MHz	FDD
n71	663 ～ 698 MHz	617 ～ 652 MHz	FDD
n74	1427 ～ 1470 MHz	1475 ～ 1518 MHz	FDD
n75	N/A	1432 ～ 1517 MHz	SDL
n76	N/A	1427 ～ 1432 MHz	SDL
n77	3300 ～ 4200 MHz	3300 ～ 4200 MHz	TDD
n78	3300 ～ 3800 MHz	3300 ～ 3800 MHz	TDD
n79	4400 ～ 5000 MHz	4400 ～ 5000 MHz	TDD
n80	1710 ～ 1785 MHz	N/A	SUL
n81	880 ～ 915 MHz	N/A	SUL
n82	832 ～ 862 MHz	N/A	SUL
n83	703 ～ 748 MHz	N/A	SUL
n84	1920 ～ 1980 MHz	N/A	SUL
n86	1710 ～ 1780 MHz	N/A	SUL
备注：终端在本规范中若符合 NR 频段号为 n50 的最低要求，同样也要符合 NR 频段号为 n51 的最低要求。			

注：本表来源于 3GPP R15 版本，后续版本对于频段范围可能存在变化。

5G NR 信道带宽和传输带宽如图 2-17 所示。其中两边是保护带宽，中间是传输带宽。与 LTE 类似，5G 的资源传输单位为 RB（Resource Block），在频域占用 12 个载波数，但在时域占用的 OFDM 符号数不固定，通过系统动态确定。

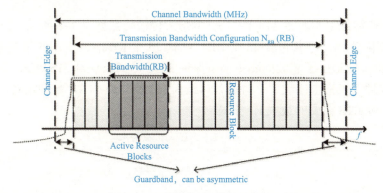

图 2-17　5G NR 信道带宽和传输带宽

NR 中的时频域资源依然采取资源栅格的方式进行定义，一个天线逻辑端口，子帧配置和传输方向唯一对应了一个资源栅格，资源栅格的最小时频域单位仍然是资源元素 RE，如图 2-18 所示。RE（Resource Element）在时间上由一个 OFDM 符号，频域上由一个子载波，RB（Resource Block）在频域为连续的 12 个子载波组成。NR 中引入了参考点 A，0 号资源块的 0 号子载波索引称为"参考点 A"，参考点 A 作为一个公共参考点适用于所有的子载波间隔配置，由高层参数在频域上进行配置。公共资源块在频域上以 0 开始进行升序标识，0 号公共资源块的 0 号子载波索引位置与"参考点 A"恰好一致。在多个小区中的传输可以被聚合，除了主小区，最多还可以使用 15 个辅小区。

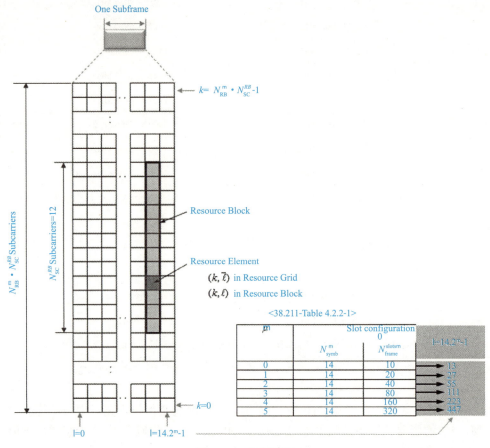

图 2-18　资源栅格

FR1 的最大传输带宽如表 2-7 所示，FR2 的最大传输带宽如表 2-8 所示。以 5 MHz 带宽、15 kHz 子载波间隔为例，一共包含 25 个 RB，则这 25 个 RB 一共占用的带宽为：25 个 RB×每个 RB12 个 RE×15 kHz 子载波间隔＋一个保留 RE（15 kHz）=4 515 kHz，剩余的为保护间隔，其他情况同理。表格也体现了下行的各自最大 RB 数和最小 RB 数的定义，以及支持单载波情况下的 UE 和 gNB 需要的最大 RF 带宽。

表 2-7　FR1 的最大传输带宽

子载波间隔（kHz）	信道带宽（MHz）										
	5	10	15	20	25	30	40	50	60	80	100
	N_{RB}	N_{RB}	N_{RB}	N_{RB}	N_{RB}	N_{RB}	N_{RB}	N_{RB}	N_{RB}	N_{RB}	N_{RB}
15	25	52	79	106	133	[TBD]	216	270	N/A	N/A	N/A
30	11	24	38	51	65	[TBD]	106	133	162	217	273
60	N/A	11	18	24	31	[TBD]	51	65	79	107	135

表 2-8　FR2 的最大传输带宽

子载波间隔（kHz）	信道带宽（MHz）			
	50	100	200	400
	N_{RB}	N_{RB}	N_{RB}	N_{RB}
60	66	132	264	N/A
120	32	66	132	264

FR1 的最小保护带宽如表 2-9 所示，FR2 的最小保护带宽如表 2-10 所示。最小保护带宽计算公式为：（CHBW×1000（kHz）− RB value×SCS×12）/ 2 −SCS/2，CHBW 为信道带宽，SCS 为子载波间隔。

表 2-9　FR1 的最小保护带宽

子载波间隔（kHz）	信道带宽（MHz）									
	5	10	15	20	25	30	40	50	60	80
15	242.5	312.5	382.5	452.5	522.5	552.5	692.5	N/A	N/A	N/A
30	505	665	645	805	785	905	1045	825	925	845
60	N/A	1010	990	1330	1310	1610	1570	1530	1450	1370

表 2-10　FR2 的最小保护带宽

子载波间隔（kHz）	信道带宽（MHz）			
	50	100	200	400
60	1210	2450	4930	N/A
120	1900	2420	4900	9860

课后复习及难点介绍

5G NR 空口
关键技术认知

现网案例：帧结构配置错误导致异常干扰问题

1．故障现象

某市局批量开通 5G 基站后，发现新增站点周边原有 5G 站点指标出现恶化，尤其是在接通率、掉线率和切换成功率 3 个方面的指标出现大幅恶化情况。

2．故障排查

（1）检查周边站点无故障告警，GPS 时钟正常，提取上行干扰指标发现上行干扰严重，现场扫频排查发现并无外部干扰源问题，观察异常指标产生时间重新开 5G 站点入网后，周边原有 5G 站点上行干扰出现明显升高，怀疑是新开站异常问题导致的。

（2）通过分析干扰指标情况，检查新开站点 GPS 信号，发现 GPS 时钟也正常，排除时钟跑偏导致干扰问题，核查参数发现新开站点使用了错误的参数配置，现网中 5G 小区帧结构配比为 2.5 ms 双周期配置，而新开站配置小区使用了错误的模板参数配置为 2.5 ms 单周期，引起了交叉时隙干扰问题。

3．故障处理

通过修改帧结构，干扰消除，指标恢复正常，该问题是基站开通时使用错误参数配置导致的。为了断绝今后重复出现该问题，工程部牵头统一将市局 5G 基站开通配置数据模板交给基站开通工程师进行统一审核管理。

 课后习题

1．5G 上行链路采用的是 DFT 拓展的 OFDM（DFT-S-OFDM）的主要原因是什么？

2．5G 数据信道和控制信道的编码方案是什么？为什么选择这两种方案？

3．在 5G NR 物理信道中，有哪些物理信道没有对应的逻辑信道映射关系？

任务 2　5G NR 网络关键技术

课前引导

任务 1 介绍了 5G 空口关键技术，同样 5G 在网络侧也提供了多种关键技术，如软件定义网络（SDN）、网络功能虚拟化（NFV）、超密集组网（UDN）、无线云化（Cloud RAN）、多接入边缘计算（MEC）和网络切片技术。这些关键技术的提升用来满足 5G 网络在高速率、低时延和大连接等性能指标领域，以及多种应用场景支持方面的需求。

任务描述

通过本任务的学习，能够掌握 5G 网络关键技术，包括超密集组网（UDN）、无线云化的接入网（Cloud RAN）、多接入边缘计算（MEC）和网络切片技术，且深入地理解这些网络关键技术对于 5G 网络的重要作用。

任务目标

● 能够描述 5G 网络关键技术。

2.2.1　SDN/NFV 技术

互联网的广泛普及正在不断地改变着人们的生产、生活和学习方式，并已成为支撑现代社会发展及技术进步的重要基础设施之一。传统的互联网是由终端、服务器、交换机、路由器及其他设备组成的，这些网络设备使用着封闭、专有的内部接口，运行着大量的分布式协议。然而，传统的互联网在成为一个复杂巨系统的同时，其网络架构和服务也越来越无法满足当今用户、企业和服务提供商的需求。在这种网络环境中，网络创新十分困难，研究人员不能部署和验证他们的新想法；网络运营商难以针对其需求定制并优化网络；网络设备商也无法及时地创新以满足用户的需求。

软件定义网络（SDN）是指从 OpenFlow 发展而来的一种新型的网络架构，这种技术的初衷是期望研究人员能够在校园网上进行新型协议的部署试验，并由此诞生了 OpenFlow 协议。随后，该概念被逐渐扩展为软件定义网络，其核心理念是使网络软件化，使网络能力充分开放，从而使得网络能够像软件一样便捷、灵活，提高网络的创新能力。

SDN 在应用中大体可划分为 3 层体系结构，即应用层、控制层和基础设施层，如图 2-19 所示。

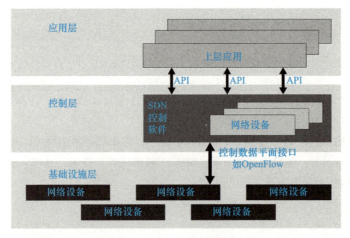

图 2-19　SDN 体系结构

SDN 的主要特征包括以下 3 个方面。

（1）网络资源虚拟化支持逻辑网络和物理网络分离，逻辑网络可以根据业务需要配置、迁移，不受物理位置的限制。

（2）网络控制集中化支持网络资源的集中控制，使得全局优化成为可能，如流量工程、负载均衡。支持整个网络当作一台设备进行维护，设备零配置即插即用，大大降低了运维成本。

（3）网络能力开放化应用和网络的无缝集成，应用告诉网络如何运行才能更好地满足应用的需求，如业务的带宽、时延需求、路由的成本等。

NFV 的技术基础就是目前 IT 业界的云计算和虚拟化技术。

网络功能虚拟化并非简单地在设备中增加虚拟机，其重要特征在于引入虚拟化层之后，网络功能虚拟化（VNF）与硬件完全解耦，改变了电信领域软件、硬件紧绑定的设备提供模式。虚拟机对上层应用屏蔽硬件的差异，虚拟功能网元可以部署在虚拟机上，进而允许运营商对电信系统的硬件资源实行统一管理和调度，能够大幅提升电信网络的灵活性、缩短业务的部署和推出时间、提升资源的使用效率。同时，网络功能虚拟化之后，电信设备演进为虚拟功能网元，这些网元的开发和实现将不再依赖于特定的硬件平台，不仅可以降低电信设备（虚拟功能网元）的开发门槛，还能促进电信设备制造产业链的开放，加速新业务的推出。

网络功能虚拟化（NFV）结构中包括硬件资源、虚拟资源、虚拟功能网元、运营支持系统/商业支持系统（OSS/BSS）、虚拟化基础设施管理器（VIM）、VNF 管理器（VNFM）、NFV 调度器（NFVO），如图 2-20 所示。

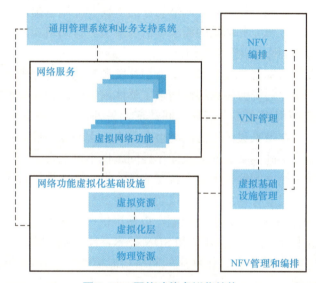

图 2-20　网络功能虚拟化结构

按照 NFV 设计，从纵向看网络分为 3 层：基础设施层、虚拟网络层和运营支撑层。

（1）基础设施层（NFVI）：NFVI 是 NFV Infrastructure 的简称，从云计算的角度看，就是一个资源池。

（2）虚拟网络层：虚拟网络层对应的就是目前各个电信业务网络，每个物理网元映射为一个虚拟网元 VNF，VNF 所需资源需要分解为虚拟的计算 / 存储 / 交换资源，由 NFVI 来承载，VNF 之间的接口依然采用传统网络定义的信令接口（3GPP + ITU-T），VNF 的业务网管依然采用 NE-EMS-NMS 体制。

（3）运营支撑层：运营支撑层就是目前的 OSS/BSS 系统，需要为虚拟化进行必要的修改和调整。

NFV 网络从横向看，分为业务网络域和管理编排域。

（1）业务网络域：就是目前的各电信业务网络。

（2）管理编排域：NFV 与传统网络的最大区别就是增加了一个管理编排域，简称 MANO，MANO 负责对整个 NFVI 资源的管理和编排、业务网络和 NFVI 资源的映射和关联、OSS 业务资源流程的实施等。

2.2.2　网络切片技术

未来网络中，不同类型应用场景对网络的需求是差异化的，有的甚至是相互冲突的。不同的应用场景在网络功能、系统性能、安全、用户体验等方面面都有着非常不同的需求，通过单一网络同时为不同类型应用场景提供服务，会导致网络架构异常复杂、网络管理效率和资源利用效率低下。因此 5G 网络需要一个融合核心网，能同时应对大量的差异化场景需求，于是提出了 5G 阶段的开放网络架构框架的服务和运营需求，这种新概念被称为网络切片。

通过虚拟化将一个物理网络分成多个虚拟的逻辑网络，每一个虚拟网络对应不同的应用场景，这就是网络切片技术。网络切片是一组网络功能（Network Function）及其资源的集合，由这些网络功能形成一个完整的逻辑网络，每一个逻辑网络都能以特定的网络特征来满足对应业务的需求，通过网络功能和协议定制，网络切片为不同业务场景提供所匹配的网络功能。其中，每个切片都可以独立按照业务场景的需求和话务模型进行网络功能的定制剪裁与相应网络资源的编排管理，是对 5G 网络架构的实例化。

网络切片使网络资源与部署位置解耦，支持切片资源动态扩容缩容调整，提高网络服务的灵活性和资源利用率，切片的资源隔离特性增强了整体网络的健壮性和可靠性。

有些网络功能和资源可以在多个切片之间共享。另外，需要考虑网络功能定义的粒度选择，粒度如果选择太细，在带来灵活性的同时也会带来巨大的复杂性。不同功能组合及切片应用需要复杂的测试，而且不同网络之间的互操作性问题也不可忽视。所以，需要确定合适的功能粒度，在灵活性和复杂性之间取得平衡。粒度的选择也会影响提供解决方案的整个生态系统的组成。为了使支持下一代业务和应用的网络切片方案更开放，第三方应用需要通过安全而灵活的 API 接口对网络切片的某些方面进行控制，以便提供一些定制化的服务。

实现 5G 新型设施平台的基础是 NFV 和 SDN 技术，NFV 通过软件和硬件的分离，为 5G 网络提供更具弹性的基础设施平台，组件化的网络功能模块实现控制功能的可重构。NFV 使网络功能与物理实体解耦，采用通用硬件取代专用硬件，可以方便快捷地把网元功能部署在网络中的任意位置，同时对通用硬件资源实现按需分配和动态伸缩，以达到最优的资源利用率。

5G 系统通过 SDN 技术能获得极大的灵活性及可编程性，灵活的网络架构有助于网络切片的部署，并且通过端到端的 SDN 架构进行实例化。

（1）网络切片可以根据需要及任何标准来完成定义，并通过 SDN 架构实现业务实例化。

（2）网络切片可描述为彼此隔离的网络资源，而 SDN 架构支持通过客户端协议以地址、域名、流量负载等方式来实现资源隔离。

（3）5G 网络的部署和商用将是一个漫长的过程，而 SDN 技术是实现 4G 网络逐步演进并与 5G 网络共存的关键技术之一。

基于 SDN 架构上的端到端网络切片逻辑架构的功能是通过 SDN 网络，动态、灵活地实现网络切片的实例化，以及切片管理器对网络切片的生命周期管理。

2.2.3　多接入边缘计算 MEC

MEC（Multi-access Edge Computing，多接入边缘计算）作为 5G 网络体系架构演进的关键技术，可满足系统对于吞吐量、时延、网络可伸缩性和智能化等多方面的要求。

依托于 MEC，运营商可将传统外部应用拉入移动网络内部，使内容和服务更贴近用户，提高移动网络速率、降低时延并提升连接可靠性，从而改善用户体验，开发网络边缘的更多价值。

Multi-access、Edge、Computing 中各单词的含义如下。

1．Multi-access

（1）一指多种网络接入模式，如 LTE、Wi-Fi、有线，甚至 ZigBee、LoRa、NB-IoT 等各种物联网应用场景。

（2）二指多接入实现无处不在的一致性用户体验。

2．Edge

网络功能和应用部署在网络的边缘侧，尽可能靠近最终用户，降低传输时延。

3．Computing

Computing 指 Cloud ＋ Fog 计算，采用云计算 ＋ 雾计算技术，降低大规模分布式网络建设和运维成本。

MEC 是一种使能网络边缘业务的技术，具备超低时延、超高带宽、实时性强等特性，是 IT 与 CT 业务结合的理想载体平台。

MEC 架构如图 2-21 所示。边缘计算是在靠近物或数据源头的网络边缘侧，融合网络、计算、存储、应用核心能力的开放平台。MEC 就近提供智能互联服务，满足行业在数字化变革过程中对业务实时、业务智能、数据聚合与互操作、安全与隐私保护等方面的关键需求。

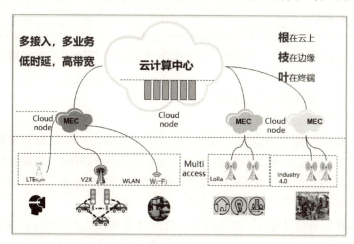

图 2-21　MEC 架构

MEC 典型应用场景包括以下几种。

（1）终端密集计算辅助（提供终端实时追踪和位置服务）。

在物联网中，终端设备或传感器要做到成本尽可能低、连续（不断电）工作时长尽可能大。有些物联网设备可能也需要把数据上传至云端进行分析并把决策指令回传（如抢险机器人在前行时遇到障碍物，就需要以图像识别技术摄像并上传云端，由云端把清障方式回传）。

（2）在企业本地业务中的应用（通过本地流量下载，服务企业本地业务）。

在企业办公方面，企业业务也正转向由云平台提供，以方便员工进行移动（云）办公，以自有设备接入企业专用网络。另外，移动通信基础网络运营商还面临这样一个巨大的市场机遇：在企业园区部署小基站／小小区，向移动企业客户提供统一通信及服务。

（3）车联网。

车联网的数据传送量将会不断增加，其对于时延的需求也越来越大。将 MEC 技术应用于车联网之后，可以把车联网云"下沉"至高度分布式部署的移动通信基站。部署于基站、小基站甚至汇聚站点的 MEC 服务器，通过运行移动边缘计算应用（APP）提供各种车联网功能。MEC 还可使得数据及应用就近存储于离车辆较近的位置（从而可减小时延），并使能出一个来自于移动核心网络及互联网所提供的应用的抽象层。

（4）IoT（物联网）网关服务。

① 物联网数据基本都是采用不同协议的加密的小包。而这些由"海"量物联网设备所产生的"海"量数据需要很大的处理及存储容量，从而就需要有一个低时延的汇聚节点来管理不同的协议、消息的分发、分析的处理 / 计算等。

② 如果采取 MEC 技术，上述的汇聚节点就将被部署于接近物联网终端设备的位置，提供传感数据分析及低时延响应。

③ 智能移动视频加速（视频缓存 / 性能提升）。

④ 网络拥塞是产生包丢失和高时延的主要原因，进而降低蜂窝网络资源利用率、应用性能及用户体验。而这种低效性的根本原因在于 TCP 协议很难实时地适应快速变化的无线网络条件。

⑤ 基于 MEC 的智能视频加速可以改善移动内容分发效率低下的情况：基于无线接入网 MEC 部署无线分析应用（Radio Analytics Application），为视频服务器提供无线下行接口的实时吞吐量指标，以助力视频服务器做出更为科学的 TCP（传输控制协议）拥塞控制决策，并确保应用层编码能与无线下行链路的预估容量相匹配。

（5）监控视频流分析。

如果运用 MEC 技术，就可以无须再在摄像头处做视频处理 / 分析，这样就可降低成本（尤其是当需要部署大量摄像头时）。对此，移动边缘计算服务器的做法是将视频分析"本地化"（靠近移动通信基站的位置），从而在客户仅需要一小段视频信息时，就无须回传大量的监控视频至应用服务器（需流经移动核心网络）。

（6）AR/VR（增强现实 / 虚拟现实）。

① AR 需要能有一个相关的应用（APP）来对摄像机输出的视频信息及所在的精确位置作综合分析，并需要实时地感知用户所在的具体位置及所面对的方向（采取定位技术或通过摄像头视角，或者综合运用），再依此给用户提供一些相关的额外信息，如果用户移动位置或改变面朝的方向，这种额外信息也要及时得到更新。

② 于是，在 AR 服务的提供中，应用 MEC 技术就有着很大的优势。这是由于 AR 信息（用户位置及摄像头视角）是高度本地化的，对这些信息的实时处理最好是在本地（MEC 服务器）进行而不是在云端集中进行，以最大限度地减小 AR 时延、提高数据处理的精度。

2.2.4　超密集组网 UDN

未来移动数据业务飞速发展，热点地区的用户体验一直是当前网络架构中存在的问题。由于低频段频谱资源稀缺，仅仅依靠提升频谱效率无法满足移动数据流量增长的需求。超密集组网通过增加基站部署密度，可实现频率复用效率的巨大提升，但考虑到频率干扰、站址资源和部署成本，超密集组网可在局部热点区域实现百倍量级的容量提升，其主要应用场景将在办公室、住宅区、密集街区、校园、大型集会、体育场和地铁等热点地区。超密集组网可以带来可观的容量增长，但是在实际部署中，站址的获取和成本是超密集小区需要解决的首要问题。

小区虚拟化（Virtual Cell）是解决边界效应的关键，其核心思想是"以用户为中心"提供服务。虚拟小区由用户周围的多个接入节点组成，它就像影子一样随着用户的移动及周围环境的变化而快速地更新，使得无论用户在什么位置都可以获得稳定的数据通信服务，达到一致的用户体验。

虚拟小区打破了以"蜂窝小区"为中心的传统移动接入网理念，转变为完全以"用户为中心"的接入网络，即每个接入网络的用户拥有一个跟用户相关的"虚拟小区"，该小区由用户周边的几个物理小区组成，物理小区之间彼此协作，共同服务于该用户。当用户在网络中移动时，该虚拟小区包含的物理小区动态变化，但虚拟小区 ID 保持不变。因而在用户移动过程中没有切换发生，无论用户身在何处，都能得到来自周边多个物理小区的良好信号覆盖和最佳的接入服务。虚拟小区是移动接入理念的一次革命，真正实现了从"用户找网络"到"网络追用户"的转变。

传统 Cell ID 不再那么重要，虚拟小区中网络动态生成针对特定用户的 UE ID；在用户看来，以用户自己为中心，周围的虚拟逻辑站点一直跟着自己在移动；多小区在高层协同调度，虚拟小区簇中的所有小区高度步调一致。用户快速发现小区，节省控制信令；无切换体验，用户一直是服务中心，业务平滑性提升，如图 2-22 所示。

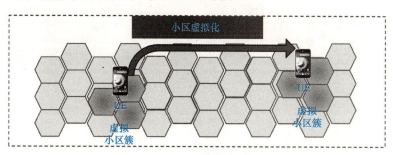

图 2-22　虚拟小区

2.2.5　无线云化 Cloud RAN

Cloud RAN 架构包括用于虚拟化的通用硬件平台，兼容多接入制式，开放业务平台，有利于业务的快速上线和定制化，如图 2-23 所示。Cloud RAN 可以理解为融合了演进的 SDR（支持 4G/5G/ Wi-Fi 多技术接入）＋ 5G 网络切片能力的云化网络。

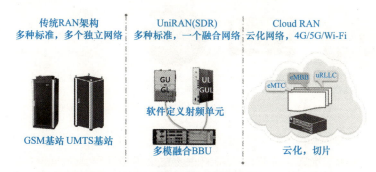

图 2-23　RAN 架构演进

Cloud RAN 的特征包括以下几点。

（1）灵活的网络切片，支持多样化业务需求。

通过云化平台来实现通信过程，将会是今后通信行业的发展趋势，这也是运营商为了更好地适应多变的业务发展趋势而提出的一种新型网络架构。

Cloud RAN 通过灵活的网络切片，支持多样化的业务与部署形态，如图 2-24 所示。网络切片应用于各种无线制式和服务。每种切片模式均基于通用 IT 架构并利用 IT BBU 通过软件定义。IT 基站内的 CPU 和存储资源可以根据不同的业务类型为控制面进行资源的动态分配，而用户面可通过软件定义进行各种模式的重构。

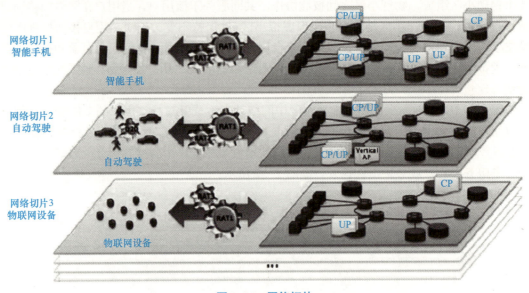

图 2-24　网络切片

（2）开放能力与 MEC，快速使能业务创新。

Cloud RAN 方案支持开放的网络容量和移动边缘计算，如图 2-25 所示。不仅能为用户提供基本的接入业务，还能快速集成和灵活部署创新业务。另外，部分网络功能，如用户面过程、缓存、CDN、加密网关等，通过云化技术下沉到无线侧，可以减少业务时延，同时提供更好的用户体验。

同时，Cloud RAN 方可以提供开放的 API 接口和应用开发环境，来加速创新业务的孵化，如定位查询业务、精准的定位和导航、资产跟踪、业务推广等。

图 2-25　开放能力与 MEC

（3）深度协同的多接入技术，提供极致的用户体验。

现有智能终端上 3G、4G、Wi-Fi 网络的连接模式都是多选一，即使 Wi-Fi 和数据连接同时启动，也是工作在 Wi-Fi 优先模式，而不是多连接同时工作的模式。未来 Cloud RAN 支持多种接入技术的业务聚合（终端同时接入多种无线网络），因而可以达到更高的接入速率和更大的灵活性，如图 2-26 所示。

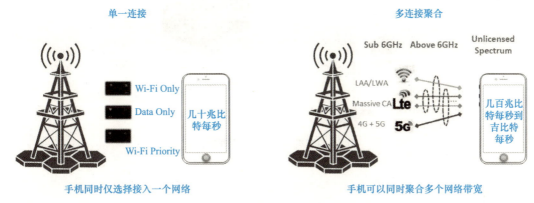

图 2-26　多接入技术

（4）弹性容量调整，最大化网络资源效率。

除了通用虚拟化硬件资源共享和动态分配方面的弹性，Cloud RAN 还支持业务功能灵活拆分、位置按需部署的网络拓扑方面的弹性。每个切片可以根据业务特征选择不同的业务功能模块，每个功能模块的位置也可以按需部署，如图 2-27 所示。

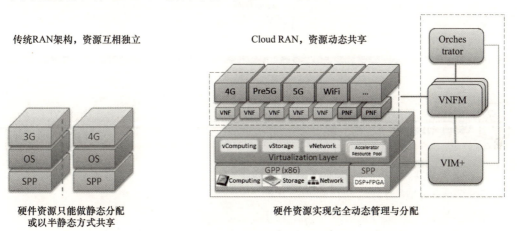

图 2-27　弹性网络

Cloud RAN 的核心是网络功能虚拟化（Network Function Virtualization，NFV），如图 2-28 所示。虚拟化的目标是，通过基于行业标准的 x86 服务器、存储和交换设备，来取代通信网的那些私有专用的网元设备。由此带来的好处有两个方面：一方面基于 x86 标准的 IT 设备成本低廉，能够为运营商节省巨大的投资成本；另一方面开放的 API 接口也能帮助运营商获得更多、更灵活的网络能力。

可以通过软硬件解耦及功能抽象，使网络设备功能不再依赖于专用硬件，资源可以充分灵活共享，实现新业务的快速开发和部署，并基于实际业务需求进行自动部署、弹性伸缩、故障隔离和自愈等。

无线虚拟化主要在 CU 上来实现，同时在中心机房的云平台上可以配置 MEC、SDN、CDN、CN 用户面等，可以结合 MEC 的网络架构来理解。

图 2-28　网络功能虚拟化

课后复习及难点介绍

5G NR 网络
关键技术认知

课后习题

1. 超密集组网 UDN 主要应用在什么地方？
2. Cloud RAN 的特征包括哪几个方面？
3. 网络切片功能的概念是什么？

任务 3　5G NR 接口协议

　　完成 5G 关键技术的认知之后，面对复杂的网络架构、丰富的网络技术，还需要掌握 5G 各类接口协议的内容，学习为什么控制面内容和用户面内容要分为 SCTP 和 GTP-U 协议来传输？新增的 F1 接口的作用是什么？

任务描述

　　本任务介绍 5G NR 各接口协议，包括 NG 接口、Xn 接口、F1 接口和 Uu 接口；学习 Uu 接口中对于 RRC 层、SDAP 层、PDCP 层、RLC 层、MAC 层和 PHY 层的知识内容。通过本任务的学习，能够描述 5G NR 接口协议的功能。

任务目标

- 能描述 NG 接口协议的功能。
- 能描述 Xn 接口协议的功能。
- 能描述 F1 接口协议的功能。
- 能描述 Uu 接口协议的功能。

2.3.1　5G 接口概述

如图 2-29 所示，gNodeB 由 CU 和 DU 组成。CU 和 DU 之间的接口为 F1 接口，DU 由 BBU 和 AAU 组成，一个 DU 中只有一个 BBU，一个 DU 中有一个或多个 AAU；BBU 和 AAU 之间的接口为 eCPRI 接口，gNodeB 通过 NG-C 接口和 AMF 连接，通过 NG-U 接口和 UPF 连接，gNodeB 通过 Xn 接口和另一个 gNodeB 进行连接。CU 与 5GC 之间的连口为 NG 接口。

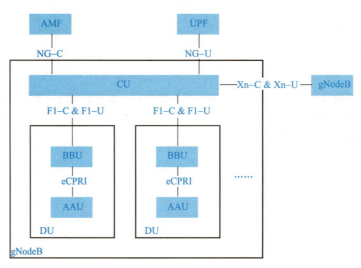

图 2-29　5G 接口

2.3.2　5G 系统网元

1．gNB/Ng-eNB

gNB 为 5G 基站，逻辑上包括 CU 和 DU，主要功能包括无线信号发送与接收、无线资源管理、无线承载控制、连接性管理、无线准入控制、测量管理、资源调度等。Ng-eNB 为 LTE 基站，基本功能同 5G 基站，但在物理空口有区别。

gNB/Ng-eNB 的主要功能包括以下几个方面。

（1）无线资源管理：无线承载控制、无线准入控制、动态资源分配、连接态移动性控制。

（2）IP 头压缩、数据加密和完整性保护。

（3）AMF 选择。

（4）到 UPF 的用户面数据路由。

（5）到 AMF 的控制面数据路由。

（6）RRC 连接的建立和释放。

（7）寻呼消息和系统广播消息的调度和传输。

（8）测量和测量上报配置。

（9）支持网络切片，支持双连接。

（10）QoS Flow 管理和到 DRB 的映射。

（11）支持 UE RRC_INACTIVE 态。

（12）NAS 消息转发。

2．AMF

负责终端接入权限和切换等，类似于 LTE 的 MME。AMF 的功能包括以下几个方面。

（1）NG 接口终止。

（2）移动性管理。

（3）接入鉴权、安全锚点功能。

（4）安全上下文管理。

3．UPF

负责用户数据处理，类似于 LTE 的 SGW ＋ PGW。与 LTE 的 MME/SGW/PGW 类似，AMF/UPF 体现了控制面和媒体面分离的思想。UPF 的功能包括以下几个方面。

（1）intra-RAT 移动的锚点。

（2）数据报文路由、转发、检测及 QoS 处理。

（3）流量统计及上报。

4．SMF

实现会话管理功能，具体包括会话的建立、变更和释放等。SMF 的功能包括以下几个方面。

（1）UE IP 地址的分配和管理。

（2）UPF 功能的选择和控制。

（3）PDU 会话控制。

2.3.3　5G 系统接口

1．NG 接口

5G 基站通过 NG 接口和核心网相连，只有先完成基站和核心网的 NG 接口建立，才能保证基站的正常运作。NG 接口分为 NG-C 接口和 NG-U 接口，NG-C 接口用于连接 NG-RAN 与 AMF，NG-U 接口用于连接 NG-RAN 与 UPF，协议结构如图 2-30 所示。

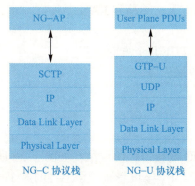

图 2-30　NG 接口协议结构

NG-C 接口协议的功能包括以下几个方面。

（1）NG 接口管理：提供对自身接口的管理。

（2）UE 上下文管理：允许建立、修改或释放 UE 上下文。

（3）移动性管理：支持 NG-RAN 的系统内切换和到 EPS 的系统间切换的功能。

（4）NAS 信令传输：通过 NG 接口传输特定 UE 的 NAS 消息。

（5）寻呼：向寻呼区域内的 NG-RAN 节点发送寻呼消息。

（6）PDU Session 管理：负责建立、修改和释放 PDU 会话资源用于用户数据传输。

NG-U 接口协议的功能包括以下几个方面。

（1）提供 NG-RAN 和 UPF 之间的用户面数据传递。

（2）数据转发。

（3）流控制。

2．Xn 接口

gNB 与 Ng-eNB 之间的接口，各基站通过 Xn 接口交换数据，实现切换等功能。与 NG 接口类似，Xn 接口协议也包括 Xn-C 和 Xn-U，分别处理控制面数据和用户面数据，协议结构如图 2-31 所示。

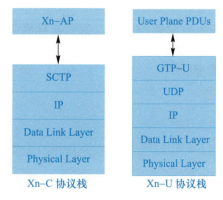

图 2-31 Xn 接口协议结构

Xn-C 接口协议的功能包括以下几个方面。

（1）Xn 接口管理。

（2）UE 移动性管理，包括上下文转移和 RAN 寻呼。

（3）切换。

Xn -U 接口协议的功能包括以下几个方面。

（1）提供基站间的用户面数据传递。

（2）数据转发。

（3）流控制。

3．F1 接口

F1 接口是 gNB 中 CU 和 DU 的接口，协议结构如图 2-32 所示。

F1-C 接口协议的功能包括：F1 接口管理；gNB-DU 管理；系统消息管理；gNB-DU 和 gNB-CU 测量报告；负载管理；寻呼；F1 UE 上下文管理；RRC 消息转发。

F1-U 接口协议的功能包括用户数据转发、流控制。

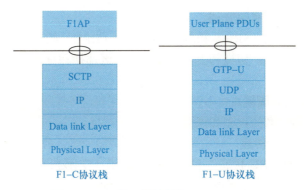

图 2-32　F1 接口协议结构

4．Uu 接口

Uu 接口为终端与 gNB 之间的空中接口，接口协议结构如图 2-33 所示。

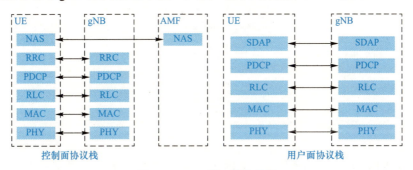

图 2-33　Uu 接口协议结构

NR 控制面协议栈与 LTE 基本一致，自上而下依次为以下几层。

（1）NAS 层：非接入层（Non-Access Stratum）。

（2）RRC 层：无线资源控制（Radio Resource Control）层。

（3）PDCP 层：分组数据汇聚协议（Packet Data Convergence Protocol）层。

（4）RLC 层：无线链路控制（Radio Link Control）层。

（5）MAC 层：媒体接入控制（Medium Access Control）层。

（6）PHY 层：物理层（Physical Layer）。

NR 用户面协议栈相对于 LTE 增加了 sDAP 子层，自上而下依次为以下几层。

（1）SDAP 层：服务数据适应协议（Service Data Adaptation Protocol）层。

（2）PDCP 层：分组数据汇聚协议层。

（3）RLC 层：无线链路控制层。

（4）MAC 层：媒体接入控制层。

（5）PHY 层：物理层。

1）RRC 层的功能

RRC 层主导无线侧移动性管理和无线资源控制，主要包括以下功能。

（1）广播相关的系统信息。

（2）由 5GC 或 NG-RAN 发起的寻呼。

（3）建立、维持和释放 UE 与 NG-RAN 之间的 RRC 连接，包括载波聚合的添加、修改和释放；在 NR 中或在 E-UTRA 和 NR 之间添加、修改和释放双连接。

（4）安全功能包括密钥管理。

（5）信令无线承载（SRB）和数据无线承载（DRB）的建立、配置、维护和释放。

（6）移动功能包括：切换和上下文传递；小区选择和重选；RAT 间移动性管理。

（7）QoS 管理。

（8）UE 测量报告配置。

（9）无线链路故障的检测和恢复。

（10）NAS 消息的传递。

NR 引入了 3 种 RRC 状态，包括 RRC_IDLE（空闲态）、RRC_INACTIVE（非激活态）和 RRC_CONNECTED（连接态），如图 2-34 所示。

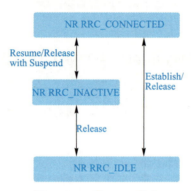

图 2-34　3 种 RRC 状态

当 UE 处于 RRC_IDLE 空闲态时，此时 UE 未建立上下文。上下文是 UE 与网络之间建立连接的重要参数，具体包括安全上下文、UE 能力信息等，RRC_IDLE 空闲状态下，UE 与5GC 之间无连接关系。此时，如果 UE 不存在需要传送的数据，将进入休眠状态。处于空闲态的 UE 仅周期性地唤醒，以接收可能的寻呼消息，该方式可以有效地减少 UE 功耗。

当 UE 处于 RRC_CONNECTED 连接态时，UE 已建立了上下文，网络为接入的 UE 分配了对应的资源。若 UE 正在传送数据，则处于连续接收状态，直至数据传送完成而进入等待状态时，切换为连接态 DRX 以节省功耗。若后续还有数据待传送，则 UE 再次返回连续接收状态。由于 UE 的上下文已建立，UE 离开连接态 DRX，进入连续接收状态所需的转换时间，相对于从空闲态切换到连接态的时间要短得多。

综上可知，RRC 状态不仅影响 UE 的发射功率，还影响系统响应的时延。在 LTE 中仅支持 RRC_IDLE 和 RRC_CONNECTED 两种状态。但是，5G NR 网络需要面对的还有物联网方面。这类物联网终端具有海量连接、小数据分组、密集发送等特点，部分还对时延有一定的敏感性。如果终端频繁在 RRC_IDLE 状态和 RRC_CONNECTED 状态之间切换，那么将引起极大的信令开销及不必要的连接时延。而如果让这类终端长时间驻留在 RRC_CONNECTED 状态，就会导致极大的功耗。所以 NR 引入了一个新的 RRC 状态，即 RRC_INACTIVE。

当 UE 处于 RRC_INACTIVE 非激活态时，UE 和网络之间保留了上下文，UE 与核心网也处于 CM_CONNECTED 状态。此时，从非激活态到连接态以进行数据接收的流程是相对快速的，且无需产生额外的核心网信令开销。此外，处于 RRC_INACTIVE 状态的 UE 也同样会进入休眠状态。因此 3GPP 组织在标准中额外增加了 RRC_INACTIVE 状态正好能够满足降低连接时延、减小信令开销和功耗的需求。

2）SDAP 层的功能

SDAP（Service Data Adaptation Protocol，业务数据适配协议）具体包括以下功能，如图 2-35 所示。

（1）传输用户面数据。

（2）为上下行数据进行 QoS Flow 到 DRB 的映射。

（3）在上下行数据包中标记 QoS Flow ID：在数据包上加上 SDAP 头，即标记 QFI。

（4）为上行 SDAP 数据进行反射 QoS 流到 DRB 的映射：从下行数据包的 SDAP 头推导出上行"QoS 流—DRB 的映射"规则。

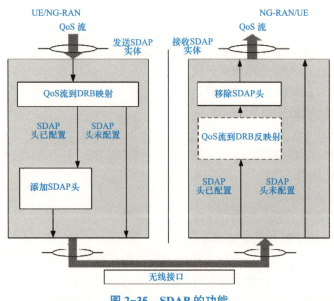

图 2-35　SDAP 的功能

3）PDCP 层的功能

PDCP（Packet Data Convergence Protocol，分组数据汇聚协议）主要为映射为 DCCH 和 DTCH 逻辑信道的无线承载（RB）提供传输服务。其标志性功能是执行 IP 头压缩以减少无线接口上传输的比特数。

每个 PDCP 层实体对应一个 RB，同时每个 PDCP 层都包含控制面和用户面，具体根据 RB 所携带的信息来确定相应的平面。每个 PDCP 层实体对应 1/2/4 个 RLC 层实体（具体需根据单向传输 / 双向传输、RB 分割 / 不分割、RLC 模式等确定），如图 2-36 所示。

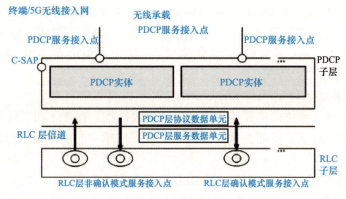

图 2-36　PDCP 层

PDCP 层分为用户面和控制面功能，其中用户面功能划分如下。

（1）SN 值维护。

（2）头压缩和解压缩，仅 ROHC。

（3）用户面数据发送。

（4）重排序和重复检测。

（5）按序递交。

（6）PDCP PDU 路由 （在 split bearers 场景下）。

（7）PDCP SDUs 重传。

（8）加密、解密和完整性保护。

（9）PDCP SDU 丢弃。

（10）应用于 RLC AM 模式的 PDCP 重建和数据恢复。

（11）应用于 RLC AM 模式的 PDCP 状态报告。

（12）PDCP PDUs 的复制和重复丢弃。

PDCP 层控制面功能划分如下。

（1）SN 值维护。

（2）加密、解密、完整性保护。

（3）控制面数据发送。

（4）重排序和重复检测。

（5）按序递交。

（6）PDCP PDUs 的复制和重复丢弃。

注意 PDCP 层的处理过程，在下行方向：首先当高层数据向下送达 PDCP 层后，将被存储在一个缓冲区中；其次对到达的数据进行序列编号。这么做的目的是便于接收端准确判断出数据分组是否按序到达及是否有重复分组，从而便于对数据分组的重组。针对用户面数据进行头压缩，即控制面信令不进行头压缩处理，头压缩的功能开关是可配置的；之后完成头压缩后存在两条路径，对于与 PDCP SDU 相关的数据分组必须经过完整性保护和加密，否则直接跳到下一步骤；再次添加 PDCP 头；最后对 PDCP SDU 路由或复制。

在上行方向：要经过去除 PDCP 头、解密、完整性验证、重排序或丢弃副本、头部解压缩等流程。

4）RLC 层的功能

RLC（Radio Link Control）主要提供无线链路控制功能，为上层提供分割、重传控制及按需发送等服务。RLC 包含透明模式（Transparent Mode，TM）、非确认模式（Unacknowledged Mode，UM）和确认模式（Acknowledged Mode，AM）3 种传输模式，主要提供纠错、分段、重组等功能。RLC 层的功能具体包括：传输上层 PDU；编号（仅限 UM 和 AM 模式）；对 RLC SDU 的分割和重分割；重复检测（AM 模式）；对 RLC SDU 的重组（UM 和 AM 模式）；ARQ 纠错（AM 模式）。

（1）RLC 传输模式。

TM、UM 和 AM 3 种传输模式均可以发送和接收数据。在 TM 和 UM 模式中，接收和发送数据采用独立的 RLC 实体；而在 AM 模式中，仅采用单一的实体来执行发送和接收数据，如图 2-37 所示。

NR 中的各类逻辑信道各自对应一种 RLC 配置。其中，BCCH、PCCH 和 CCCH 只采用 TM 模式，DCCH 只可采用 AM 模式，而 DTCH 既可以采用 UM 模式又可以采用 AM 模式，具体由高层的 RRC 配置。

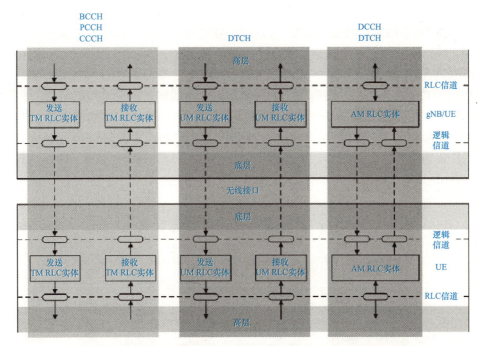

图 2-37　RLC 传输模式

① TM 模式。TM 模式不对传入 RLC 中的 SDU 进行任何处理，直接透传，只是简单地转发，如图 2-37 所示。而 RLC 接收实体既不需要经过重排序，也不需要进行重组。TM 模式传输的 PDU 称为 TMD PDU。

② UM 模式。UM 模式传输的 PDU 称为 UMD PDU，每个 UMD PDU 包含完整的 RLC SDU 或一个 RLC SDU 的分段（Segment）。UM RLC 发送实体会为 RLC SDU 添加头（Header）并缓存。当 MAC 层通知有发送机会时，UM RLC 发送实体按需对 RLC SDU 进行分段，并更新相应的 RLC 头。分段的目的是使 RLC PDU 的大小与 MAC 层提供的资源相匹配。UM RLC 接收实体探测 RLC SDU 是否丢失，重组 RLC SDU 并把 RLC SDU 传输给上层。若 UMD PDU 无法重组为 RLC SDU，则丢弃。RLC UM 模式的处理流程如图 2-37 所示。

③ AM 模式。AM 模式相比 UM 模式，增加了支持 ARQ 重传的功能。AM 模式所传输的数据 PDU 称为 AMD PDU，所传输的控制 PDU 称为 STATUS PDU。

AM RLC 实体同样会为 RLC SDU 添加头，并按需进行分段和更新 RLC 头。与 UM 模式不同的是，AM RLC 实体支持 ARQ 重传，当重传的 RLC SDU 大小与 MAC 层指示的大小不符时，可以对 RLC SDU 进行分割或者重分割。

AM 模式与 UM 模式处理过程的根本区别在于：AM RLC 实体处理分段和添加 RLC 头后，会制作两份完全相同的 RLC PDU，并将其中一份传送至 MAC 层，而另一份置于重传缓存（Retransmission Buffer）中。经过一定时间如果 AM RLC 实体接收到 NACK 应答或未获得任何应答时，将缓存中的 RLC PDU 进行重传；反之，如果 AM RLC 实体获得 ACK 应答，那么将缓存中的备份丢弃。

注意：AM 模式下，STATUS PDU 的发送优先级高于重传的 AMD PDU，而重传 AMD PDU 的发送优先级又高于普通的 AMD PDU。

需要说明的是，RLC 传输模式的选择，实际上主要是由业务特性决定的。其中，TM 模式和 UM 模式对时延敏感、对错误不敏感，且无反馈消息不需要重传，通常用于实时业务；而 AM 模式对时延不敏感、对错误敏感，且存在 ARQ 反馈要求，通常用于非实时业务或控制信令。

5）MAC 层的功能

MAC 层的功能具体包括：逻辑信道和传输信道之间的映射；复用和解复用；调度信息报告；通过 HARQ 机制进行纠错；一个 UE 逻辑信道优先级处理。

其中，MAC 层的复用功能是指将一个或多个 MAC SDU 复用到一个传输块（Transport Block）上并传输给物理层的过程。解复用则是将传输块分解为多个 MAC SDU，并传递给一个或多个逻辑信道的反向过程，如图 2-38 所示。

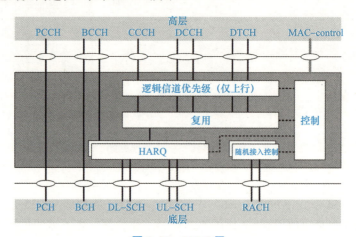

图 2-38　MAC 层

当网络配置了双连接（Dual Connectivity）时，主小区组（Master Cell Group，MCG）和辅小区组（Secondary Cell Group）的 MAC 层实体，如图 2-39 所示。

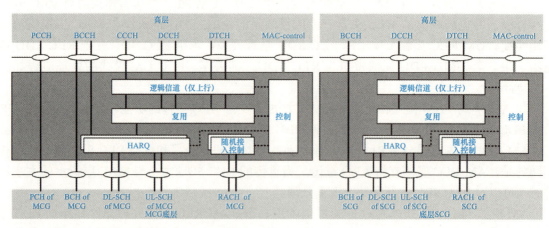

图 2-39　MAC 层实体（双连接）

6）PHY 层的功能

PHY 层的功能主要包括以下几个方面。

（1）CRC 检测和指示。通过循环冗余检验码的添加和检测实现检错功能。

（2）FEC 编码 / 解码。NR 实际采用 LDPC 码和 Polar 码进行信道编码，实现纠错功能。

（3）HARQ 软合并。在接收方解码失败的情况下，保存接收到的数据，并要求发送方重传数据，接收方将重传的数据和先前接收到的数据进行合并后再解码以获取一定的分集增益，进而减少重传次数和时延。

（4）速率匹配。通过信息比特和校验比特的选择，匹配实际分配到的物理时频资源。

（5）信道映射。实现传输信道到物理信道的映射。

（6）调制与解调。采用 BPSK、OPSK、16QAM、64QAM、256QAM 等调制方式提高信道的传输效率。

（7）频率和时间的同步。通过时频同步保证信息的正确收发。

（8）功率控制、测量和报告。

（9）MIMO 处理。通过空分复用、分集等成倍提高系统容量。

（10）射频处理。将基带处理信号转换为射频信号。

（11）PHY 层信道映射。

物理层也负责逻辑信道到物理信道的映射。物理信道对应于特定传输信道传输所用的时频资源集合，每个传输信道都被映射到对应的物理信道。物理层除了存在这一类具有对应传输信道映射关系的物理信道，还存在另一类没有对应传输信道的物理信道，具体用于上下行链路控制信令的携带。NR 定义的物理信道类型根据上下行链路的不同，可以划分为下行物理信道和上行物理信道。

下行物理信道包括以下几种。

① 物理广播信道（PBCH）：承载部分系统信息（MIB）并在小区覆盖区域内进行广播。该信道是 UE 接入网络所必需的。

② 物理下行控制信道（PDCCH）：用于携带下行控制信息（DCI），以发送下行调度信息、上行调度信息、时隙格式指示和功率控制命令等。该信道是正确解码 PDSCH 及在 PUSCH 调度资源进行传送所必需的，如图 2-40 所示。

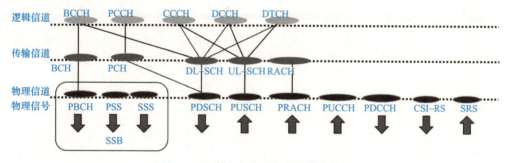

图 2-40　传输信道到物理信道的映射

③ 物理下行共享信道（PDSCH）：主要用于部分系统消息（SIB）的传输、下行链路数据的传输及寻呼消息的传输。

上行物理信道包括以下几种。

① 物理随机接入信道（PRACH）：用于发起随机接入。

② 物理上行控制信道（PUCCH）：用于携带上行控制信息（UCI），以发送 HARQ 反馈、CSI 反馈、调度请求指示等 L1/L2 控制命令。

③ 物理上行共享信道（PUSCH）：主要用于上行链路数据的传输，是下行链路上 PDSCH 的对等信道。

在图 2-40 中，PDCCH 和 PUCCH 并无与之直接映射的传输信道。另外，物理信道还伴随着一系列参考信号（Reference Signal，RS），如 DMRS、SRS、CSI-RS 等。这些物理信号不携带从上层而来的任何信息，也不存在高层信道的映射关系，但对于系统功能完整性来说是必要的。

 课后复习及难点介绍

难点：Uu
接口协议

难点：gNB
主要功能

5G NR 接口
协议认知

 课后习题

　　1．Uu 接口层 3、层 2 和层 1 分别为哪几层？

　　2．SDAP 的作用是什么？

　　3．NG 接口的连接对象是哪几个？

　　4．Uu 接口 MAC 层的功能有哪些？

项目 3
5G 基站设备安装

项目概述

　　截至 2021 年底，我国累计建成并开通 5G 基站 142.5 万个，建成全球最大 5G 网，实现覆盖全国所有地级市城区、超过 98% 的县城城区和 80% 的乡镇镇区，并逐步向有条件、有需求的农村地区逐步推进。我国 5G 基站总量占全球 60% 以上，是全球规模最大、技术最先进的 5G 独立组网网络，而 5G 基站建设过程是怎样实现的呢？完成站点工程勘察、设备排产发货后，基站设备运输到站点，就到了设备安装的环节。本项目介绍 5G 基站勘察，以及设备安装的步骤和方法。通过本项目的学习，将使学员具备 5G 基站设备勘察和安装工程师的工作技能。

项目目标

- 能绘制 5G 基站硬件架构图。
- 能完成 5G 基站勘察。
- 能完成 5G 基站开箱验货和设备清点。
- 能完成 5G 基站设备安装。
- 能完成线缆布放和线缆测试。

知识地图

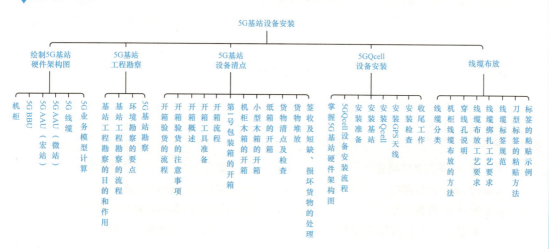

任务1　绘制 5G 基站硬件架构图

▶ 课前引导

（1）4G 无线基站主要由 BBU、RRU、天线三大部分组成。请思考：5G 基站的组成是否和 4G 基站一样？

（2）运营商一方面需要保证用户更好的 5G 业务体验；另一方面要合理控制成本。因此，合理的 5G 基站网络建设对运营商至关重要。请思考，如果你是运营商，为保障本城市用户 5G 业务体验的同时又要将成本控制在合理水平，需要在哪些方面进行考量？

任务描述 ◁

本任务针对 5G SA/NSA 基站设备硬件架构及机柜、BBU、5G 单板、AAU、线缆等部分的硬件和性能进行介绍，另外，还介绍在计算 5G 容量时需要考虑 5G 不同的应用场景和业务类型。通过本任务的学习，了解 5G 宏站 AAU 和微站 AAU 的特点；掌握 BBU、AAU 指示灯状态的正确解读；掌握 5G 不同线缆在实际安装过程中所连接的接口对象；掌握 5G 不同应用场景的业务模型计算。要求可以绘制 5G 基站硬件架构图。

注意：本任务中的硬件为主流厂商设备，但各厂家具体设备会有细节区别，实际场景中以各厂家产品说明书为准。

▶ 任务目标

- 了解 5G 基站硬件组成。
- 掌握 BBU 硬件架构。
- 掌握 BBU 单板功能。
- 了解宏站 AAU 硬件架构和接口。
- 掌握微站 AAU 硬件架构和接口。
- 掌握 5G 基站线缆的组成。
- 绘制 5G 基站硬件架构图。
- 掌握 5G 业务模型计算。

3.1.1　机柜

1. 室内机柜

5G 基站室内设备安装分为两种场景：一种是在室内安装的情况下机房中已经有 19 英寸标准机柜（图 3-1）。设备安装必须要保证机柜中有足够的空间，确保设备正常散热；另一种是室内机房新建 5G 设备安装机柜。

5G 室内机房站点一般采用市电接入交流配电箱，再通过交直流转换柜分配直流电源，直流电源可以通过直流电源分配模块提供多路直流电源接入端子，提供设备供电接入。直流电源分配模块如图 3-2 所示。

图 3-1　19 英寸标准机柜

图 3-2　直流电源分配模块

2. 室外机柜

5G 室外一体化机柜是一款安全、可靠、防盗性能较强、噪音低、散热效果好、占用空间小的产品。机柜内可安装基站设备、电源设备、蓄电池、温控设备、传输设备及其他配套设备或为以上设备预留安装空间及换热容量，能为内部设备正常运行提供可靠的机械和环境保护的机柜。5G 室外机柜选址时选择通风较好的区域，安装于空旷地带或楼面上，尽量不要安装于居民楼道内或居民房间内，以免影响通风散热效果，以及设备运行行噪音扰民。安装时必须有可靠的槽钢底座或水泥墩座，远离低洼地带及高粉尘区域，有合格的接地排。

（1）设备硬件组成。室外一体化机柜的硬件设备主要包括设备舱、蓄电池仓、门与门锁组成。

• 设备仓：设备仓分布在机柜的右侧，和蓄电池仓用隔板分开，便于设备空间的隔热。

• 蓄电池仓：用于安装蓄电池，机柜的外部的板材上贴有保温棉，以达到保温效果。蓄电池机柜也配有遮阳罩，以达到防晒防水的效果。柜体设有排气装置，可释放蓄电池产生的危害气体。

• 门与门锁：机柜门采用内嵌式结构，门缝间隙紧凑。门开角度 >110°，柜门含有限位结构，门限位装置在门处于"打开"状态时具有限位作用。门锁采用拉杆加锁片三点结构，可另加挂锁。结构牢固，防盗性强。每个机柜门都安装有门开告警传感器，以配合环境监控。

正面　　　　　反面

图 3-3　室外机柜

（2）设备系统组成。室外机柜主要由机壳、温控系统、照明单元、监控系统、防雷系统、配线系统和电源系统组成，如图 3-4。

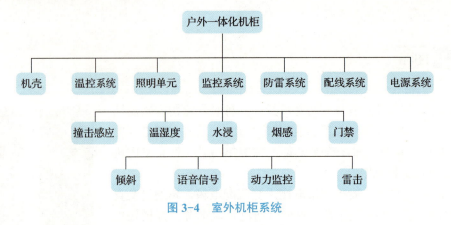

图 3-4 室外机柜系统

▷ **任务实施**

3.1.2 5G BBU

5G 基站普遍采用 BBU + AAU 的模式（有些场景采用 BBU + RRU 模式）。其中，BBU（Base Band Unit，基带单元）负责基带信号处理；RRU（Remote Radio Unit，射频拉远单元）负责基带信号和射频信号的转换及射频信号处理；AAU（Active Antenna Unit，有源天线单元）是 RRU 和天线一体化设备。BBU 与 RRU/AAU/Massive MIMO 连接组成分布式基站。

5G BBU 通过软件配置和更换相应的单板，可以配置为 GSM、UMTS、LTE、Pre5G 和 5G 等单模或多模制式。5G BBU 实物图如图 3-5 所示。

图 3-5 5G BBU 实物图

1. BBU 单板功能介绍

（1）交换板单板。交换板单板的主要功能：实现基带单元的控制管理、以太网交换、传输接口处理、系统时钟的恢复和分发、及空口高层协议的处理，提供 USB 接口用于软件升级和自动开站。5G 交换板单板实物图如图 3-6 所示。

图 3-6 5G 交换板单板实物图

（2）基带板单板。基带板单板的主要功能：用来处理 3GPP 定义的 5G 基带协议，实现物理层处理、提供上 / 下行的 I/Q 信号、实现 MAC、RLC 和 PDCP 协议。5G 基带板单板实物图如图 3-7 所示。

图 3-7　5G 基带板单板实物图

（3）通用计算板单板（可选）。通用计算板单板的主要功能：可用作移动边缘计算（MEC）、应用服务器、缓存中心等。5G 通用计算板单板实物图如图 3-8 所示。

图 3-8　5G 通用计算板单板实物图

（4）环境监控板单板（可选）。环境监控板单板的主要功能：管理 BBU 告警、提供干接点接入、完成环境监控功能。5G 环境监控板单板实物图如图 3-9 所示。

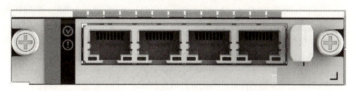

图 3-9　5G 环境监控板单板实物图

（5）电源板单板。电源板单板的主要功能：实现 -48V 直流输入电源的防护、滤波、防反接；输出支持 -48V 主备功能；支持欠压告警；支持电压和电流监控；支持温度监控。5G 电源板单板实物图如 3-10 所示。

（6）风扇板单板。风扇板单板的主要功能：可以实现系统温度的检测控制、风扇状态监测、控制与上报。5G 风扇板单板实物图如图 3-11 所示。

图 3-10　5G 电源板单板实物图　　　　　　图 3-11　5G 风扇板单板实物图

2．BBU 单板配置说明

BBU 包括多个插槽，可以配置不同功能的单板。BBU 单板配置规范如表 3-1 所示，BBU 单板配置原则如表 3-2 所示。

表 3-1　BBU 单板配置规范

基带板 / 通用计算板　槽位 8	基带板 / 通用计算板　槽位 4	风扇模块 槽位 14
基带板 / 通用计算板　槽位 7	基带板 / 通用计算板　槽位 3	
基带板 / 通用计算板　槽位 6	交换板 / 通用计算板　槽位 2	
电源模块 槽位 5 ｜ 环境监控模块 电源模块　槽位 13	交换板　槽位 1	

表 3-2　BBU 单板配置原则

单板名称	配置原则
交换板	固定配置在 1、2 槽位，可以配置一块，也可以配置两块。当配置两块主控板时，可设置为主备模式和负荷分担模式。 主备模式：一块主控板工作，另一块备份，当主用单板故障时进行倒换。 负荷分担模式：两块主控板同时工作，进行工作量的负荷分担
基带板	可以灵活配置在 3、4、6、7、8 槽位，根据实际用户量确定基带板数量
通用计算板（可选）	可以根据需要灵活配置在 2、3、4、6、7、8 槽位，根据实际情况确定通用计算板数量
电源板	可以灵活配置在 5、13 槽位；当配置一块时，固定配置在 5 槽位。当配置两块电源分配板时，可设置为主备模式和负荷分担模式。 主备模式：一块电源分配板工作，另一块备份，当主用单板故障时进行倒换。 负荷分担模式：两块电源分配板同时工作，进行工作量的负荷分担
环境监控板（可选）	可以根据需要进行配置，当配置环境监控板时，固定配置在 13 槽位
风扇板	固定配置一块，固定配置在 14 槽位

3.1.3　5G AAU（宏站）

AAU 由天线、滤波器、射频模块和电源模块组成，各部分的功能如下。

（1）天线：多个天线端口和多个天线振子，实现信号收发。

（2）滤波器：与每个收发通道对应，为满足基站射频指标提供抑制。

（3）射频模块：多个收发通道、功率放大、低噪声放大、输出功率管理、模块温度监控，将基带信号与高频信号相互转换。

（4）电源模块：提供整机所需电源、电源控制、电源告警、功耗上报、防雷等。

1. AAU 产品外观

AAU 是集成了天线、射频的一体化形态的设备，与 BBU 一起构成 5G NR 基站。AAU 外观如图 3-12 所示。

2. AAU 外部接口

（1）AAU 外部接口的侧面维护接口如图 3-13 所示。

图 3-12   AAU 外观

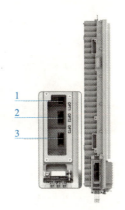

图 3-13   AAU 侧面维护接口

AAU 侧面维护接口的说明如下。

① 编号 1 为 OPT1 接口，主要用于 AAU 和 BBU 系统之间的光信号提供物理传输。

② 编号 2 为 OPT2 接口，主要用于 AAU 和 BBU 系统之间的光信号提供物理传输。

③ 编号 3 为 OPT3 接口，主要用于 AAU 和 BBU 系统之间的光信号提供物理传输。

注意：OPT1～OPT3 都用于 AAU 和 BBU 系统之间的光信号提供物理传输，但是使用光模块传输速率要求不一样。

（2）AAU 底部维护接口如图 3-14 所示。

AAU 底部维护接口的说明如下。

① 编号 1 为 PWR 接口，主要提供 -48V 直流电源输入接口。

② 编号 2 为 GND 接口，主要提供 AAU 保护地接口。

③ 编号 3 为 RGPS 接口，主要提供连接外置 RGPS 模块。

④ 编号 4 为 MON/LMT 接口，主要提供 MON 外部监控接口或 LPU 设备连接 AISG 设备接口。

⑤ 编号 5 为 TEST 接口，即测试口，提供天线馈电接口耦合信号的外部输出接口。

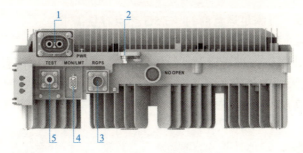

图 3-14   AAU 底部维护接口

3.1.4 5G AAU（微站）

1. 微站 AAU 产品的定位和特点

1）产品定位

5G 微站 AAU 产品用于微蜂窝组网，也可应用于室内和室外环境，具有体积小、质量轻、外形美观、便于获取站址和安装方便等特点。

5G 微站 AAU 和基带单元（BBU）组成一个完整的 gNB，实现覆盖区域的无线传输和无线信道的控制。5G 微站 AAU 在无线网络中的位置如图 3-15 所示。

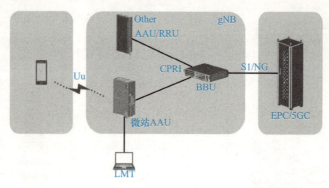

图 3-15　5G 微站 AAU 在无线网络中的位置

2）产品特点

（1）节能高效。

① 满足 2.6 GHz 频谱需求，满足热点容量需求，减少站点设备数量。

② 最大输出功率为 40 W，可以满足不同场景的覆盖要求。

③ 采用自然散热设计，无噪声。

（2）紧凑设计，易于部署。

① 体积小、质量轻，且内置天线，外观简朴，易于伪装及隐蔽安装。

② 提供交流机型、直流机型，可根据部署需要灵活选择。

③ 可以安装在抱杆上，也可以挂墙。站点容易获取，安装方式灵活，可降低部署成本。

（3）多天线。

① 可以支持 4 端口天线。

② 支持各种多输入多输出（MIMO）解决方案，可以大大提高频谱效率，带来更好的用户体验。

（4）大容量。

支持 160 MHz 带宽，可满足运营商的 4G/5G 热点容量需求。

2. 微站 AAU 产品外观

微站 AAU 有两种配置：一种可以配置一体化天线；另一种可以配置 N 头天线转接模块。微站 AAU 配置一体化天线的外观示意图如图 3-16 所示，微站 AAU 配置 N 头天线转接模块的外观示意图如图 3-17 所示。本书主要给大家介绍配置一体化天线的微站 AAU。

图 3-16　微站 AAU 配置一体化天线的
外观示意图

图 3-17　微站 AAU 配置 N 头天线转
接模块的外观示意图

3．微站 AAU 外部接口

微站 AAU 一体化天线配置侧面接口如图 3-18 所示。

微站 AAU 一体化天线侧面接口的说明如下。

（1）编号 1 为 OPT1 接口，主要提供 BBU 与 RRU 的接口，或者级联场景下的 RRU 上联光口。

（2）编号 2 为 OPT2 接口，主要提供 RRU 级联场景下的下联光口。

（3）编号 3 为 PWR 接口，主要提供电源输入口。

当微站 AAU 装配一体化天线时，对外不提供天馈接口。微站 AAU 一体化天线底部接口如图 3-19 所示。

微站 AAU 一体化天线底部接口的说明如下。

编号 1 为 GND 接口，主要提供 AAU 保护地接口。

4．微站 AAU 指示灯

微站 AAU 指示灯的外观如图 3-20 所示；微站 AAU 指示灯的说明如表 3-3 所示。

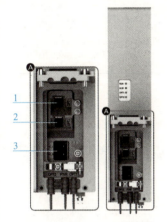

图 3-18　微站 AAU 一体化
天线侧面接口

图 3-19　微站 AAU 一体化
天线底部接口

图 3-20　微站 AAU 指示灯
的外观

表 3-3　微站 AAU 指示灯的说明

名称	功能	颜色	状态	状态说明
RUN	运行状态	绿色	常亮	系统未加电或处于故障状态
			常灭	系统加电或处于故障状态
			慢闪（1 s 亮、1 s 灭）	启动中
			正常闪（0.3 s 亮、0.3 s 灭）	正常运行
			快闪（70 ms 亮、70 ms 灭）	与 BBU 通信尚未建立或通信断链
ALM	告警指示	红色	常灭	无故障告警
			常亮	有故障告警
OPT1	光口 1 状态指示		常灭	光口 1 未接收到光信号或光模块不在位
		红色	常亮	光口 1 光模块异常
		绿色	常亮	光口 1 接收到光信号或光口链路未同步
			闪烁（0.3 s 亮、0.3 s 灭）	光口 1 接收到光信号，光口链路已同步

续表

名称	功能	颜色	状态	状态说明
OPT1	光口 2 状态指示		常灭	光口 2 未接收到光信号或光模块不在位
		红色	常亮	光口 2 光模块异常
		绿色	常亮	光口 2 接收到光信号，光口链路未同步
			闪烁（0.3 s 亮、0.3 s 灭）	光口 2 接收到光信号，光口链路已同步

注：①"常灭"不包含启动过程中短时间的灭。②"常亮"不包含启动过程中短时间的亮。

5. 微站 AAU 技术指标

（1）微站 AAU 物理指标，如表 3-4 所示。

表 3-4   微站 AAU 物理指标

项目	指标
尺寸（高×宽×深）	350 mm × 250 mm × 79 mm
质量	7 kg

（2）微站 AAU 性能指标，如表 3-5 所示。

表 3-5   微站 AAU 性能指标

项目	指标
双工方式	TDD
工作频率	2 515 ～ 2 675 MHz
载波带宽	LTE：20 MHz NR：60 MHz/100 MHz
OBW	160 MHz
IBW	160 MHz
输出功率	4×10 W
频率精确度	± 0.05 ppm
物理接口	2×10 G/25 G 光口 1×AC/DC 电源接口
天线类型	4 端口双极化平板天线
防护等级	IP65

（3）微站 AAU 内置天线指标，如表 3-6 所示。

表 3-6   微站 AAU 内置天线指标

项目	指标
增益	12.5 dBi
水平波束宽度	65° ±10°
垂直波束宽度	≥ 27°
预置下倾角	6°

（4）微站 AAU 电气特性指标，如表 3-7 所示。

表 3-7　微站 AAU 电气特性指标

项目	指标
工作电源	–48V DC（–57 ～ –37V DC） 220V AC（140 ～ 286V AC，45 ～ 66 Hz）
功耗	136 W

6. 微站 AAU 环境指标

微站 AAU 环境指标如表 3-8 所示。

表 3-8　微站 AAU 环境指标

项目	指标
存储温度	–40℃～ 55℃
存储湿度	4% ～ 100%
大气压力	70 ～ 106 kPa

3.1.5　5G 线缆

1. 电源线缆

电源线缆用于将外部 –48V 直流电源接入设备。BBU 电源线缆和 AAU 电源线缆如图 3-21 所示。电源线缆需要现场裁剪制作。

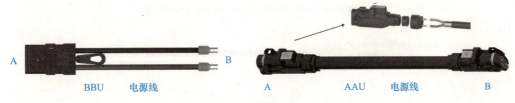

图 3-21　BBU 电源线缆和 AAU 电源线缆

电源线缆的说明如下。

（1）BBU 电源线缆中，红色线缆为 –48V GND，蓝色线缆为 –48V DC。

（2）BBU 电源线缆中，A 端连接 BBU 的电源模块，B 端连接外部电源设备。

（3）AAU 电源线缆中，红色线缆为 –48V GND，蓝色线缆为 –48V DC。

（4）AAU 电源线缆中，A 端连接 AAU 的电源端口，B 端连接外部电源设备。

2. 接地线缆

接地线缆用于连接 BBU、RRU 和机柜的接地口与地网，提供对设备及人员安全的保护。接地线如图 3-22 所示。接地线缆的 B 端需要根据现场需求制作。

图 3-22　接地线缆

接地线缆连接的说明如下。

（1）BBU 接地线缆 A 端连接 BBU 机箱上的保护地接口，B 端连接机框接地点。

（2）AAU 接地线缆 A 端连接 AAU 底部的接地螺栓，B 端连接接地排。

注意：BBU 接地线为 16 mm^2、AAU 接地线缆为 32 mm^2。

3．光纤

5G 基站有两类光纤，如图 3-23 所示。光纤 1 用于 NG 接口，连接基站与核心网；光纤 2 用于 BBU 和 AAU 的连接。

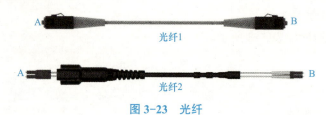

图 3-23　光纤

光纤连接的说明如下。

（1）光纤 1 的 A 端连接 BBU 交换板光口；B 端连接核心网光口。

（2）光纤 2 的 A 端连接 AAU/RRU 的光口；B 端连接 BBU 基带板光口。

4．GPS 线缆

GPS 线缆包括 GPS 射频线缆和 RGPS 线缆，如图 3-24 所示。GPS 射频线缆用于交换板的 GNSS 接口和 GPS 防雷器的连接；RGPS 线缆用于连接 AAU 外置 RGPS 模块和 GPS 天线模块。

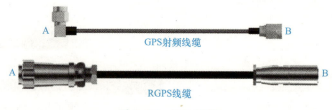

图 3-24　GPS 线缆

光纤连接的说明如下。

（1）GPS 射频线缆的 A 端连接 BBU 交换板 GNSS 接口；B 端连接 GPS 防雷器。

（2）RGPS 射频线缆的 A 端连接 AAU RGPS 模块接口；B 端连接 GPS 天线。

3.1.6　5G 业务模型计算

1．5G 业务模型计算的背景

随着 5G 网络的大规模建设和商业化进程不断加快，再加上 5G 终端成熟度不断提升导致 5G 终端进入井喷阶段，5G 用户数量也将迎来大规模增长。因此对 5G 容量需要进行提前估算，而 5G 业务模型可以估算 5G 网络容量的大小，所以需要合理评估 5G 业务模型，以保证网络正常运行和用户的良好体验。

（1）容量需求持续快速增长，精准规划是核心。

"互联网＋"纳入顶层设计，未来移动网络容量将持续保持指数级增长，因此如何准确预测容量是容量规划的核心。

（2）5G 业务感知多样化。

5G 网络支持 eMBB、uRLLC、mMTC 三大应用场景业务服务，高可靠性、高速率、低时延、大连接成为 5G 网络建设新目标；同时相比于 4G，5G 需要支持更多的业务场景，因此在进行 5G 容量计算时，需要选择正确的业务模型，保证不同应用场景的用户体验。

2．5G 业务模型的计算方法

图 3-25 所示为 5G 业务模型设计参数。

根据图 3-25 中的参数可以计算获得：

（1）频谱效率：根据 5G 实际组网情况，频谱效率的取值范围为 8 ~ 10。

（2）每个扇区的下行容量 = 频谱效率 × 系统带宽 × 每 10 ms 下行资源占比。

（3）每个扇区的上行容量 = 频谱效率 × 系统带宽 × 每 10 ms 上行资源占比。

（4）下行扇区数量 = 下行总容量请求（Gbps）/ 每个扇区的下行容量。

（5）上行扇区数量 = 上行总容量请求（Gbps）/ 每个扇区的上行容量。

（6）站点数量 = 扇区数量 / 每个基站配置的扇区数。

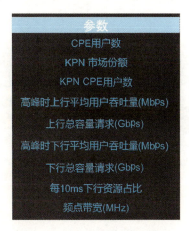

参数
CPE用户数
KPN 市场份额
KPN CPE用户数
高峰时上行平均用户吞吐量(Mbps)
上行总容量请求(Gbps)
高峰时下行平均用户吞吐量(Mbps)
下行总容量请求(Gbps)
每10ms下行资源占比
频点带宽(MHz)

图 3-25　5G 业务模型设计参数

 课后复习及难点介绍

5G 基站勘察

难点：容量计算难点讲解

课后习题

1. BBU 交换板可以放置以下（　　）槽位。

A. 1　　　　　　B. 2　　　　　　C. 3　　　　　　D. 4

2. BBU 基带板可以放置以下（　　）槽位。

A. 2　　　　　　B. 3　　　　　　C. 4　　　　　　D. 5

3. BBU 以下（　　）板卡是可选的。

A. 交换板　　　B. 基带板　　　C. 环境监控板　　　D. 通用计算板

4. 室外一体化机柜有哪些系统组成（　　）

A. 温控系统　　B. 照明系统　　C. 监控系统　　　D. 电源系统

任务2　5G 基站工程勘察

课前引导

　　在 5G 基站设备正式安装之前，首先需要确定 5G 站址。请思考：如果你是站址选择人员，在进行站址选择的过程中需要关注哪些方面？

任务描述

　　基站工程勘察是基站设备安装前重要的工作环节，在基站选址中需要勘察人员到现场对规划站址进行实地勘察，初步确定站点建设的合理性及可行性，并通过勘察确定基站设备和天馈线系统具体安装方案，以指导施工单位进行工程实施。

　　通过本任务的学习，能够掌握 5G 勘察过程中室内机房和室外天面的勘察要点和勘察流程，具备 5G 工程勘察能力；能独立正确地完成 5G 勘察报告的撰写。

任务目标

- 掌握基站工程勘察的流程。
- 掌握基站工程勘察的要点。
- 掌握基站工程勘察报告的撰写。

知识准备

3.2.1　基站工程勘察的目的和作用

基站工程勘察是工程实施前的一个重要环节，主要目的是通过现场勘察获得可靠数据，为工程设计、网络规划及将来的工程实施奠定基础。通过相关专业人员的现场勘察，判断现场是否适合建站 / 设局。如果适合，确定采用何种方案建站 / 设局。

基站工程勘察的作用主要是确定后期的建设方案，通过现场勘察获取可靠的数据。勘察可以分为 3 个方面：首先通过现场实地勘察来判断站点是否适合建站，如果不适合，需尽早更换站址；其次初步确定建设方案，为将来工程设计、网络规划、排产发货、工程调测等取得准确的数据；最后通过现场勘察，对将来工程实施中可能会遇到的困难有个预知，如在风景区新建站点就必须考虑基站与环境协调一致。

3.2.2　基站工程勘察的流程

基站工程勘察的流程：从勘察人员接受到勘察任务起，到勘察完成，提交勘察数据为止。基站工程勘察的流程如图 3-26 所示。

在基站工程勘察的流程中主要环节如下。

（1）签发工程勘察任务书。

（2）勘察任务审核。

（3）勘察任务安排。

（4）工程勘察准备。

（5）制订工程勘察计划。

（6）工程现场勘察，第一次环境验收。

（7）勘察文档制作。

（8）勘察评审。

（9）文档处理。

3.2.3　环境勘察的要点

1. 机房室内环境检查

运行环境对设备影响很大。在工程设计时，首先应考虑运行环境可使设备良好工作，避免将机房设在高温、易燃、易爆、低压及有害气体地区；避开经常有大震动或强噪声的地区；尽量避开降压变电所和牵引变电所。另外，机房的配套设施（如供电、照明、通风、温控、地线、铁塔等）也将影响到设备的安装、运行及操作和维护。机房环境检查：用于安装 BBU 基站设备的机房，在安装前应检查下列项目。

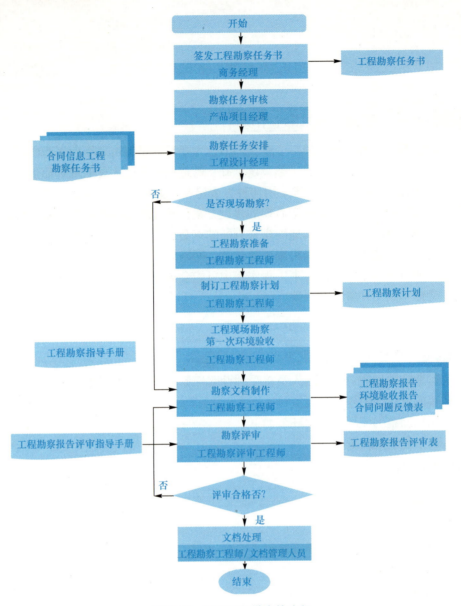

图 3-26　基站工程勘察的流程

（1）机房的建设工程应已全部竣工，机房面积适合设备的安装、维护。

（2）室内墙壁应已充分干燥，墙面及顶棚涂上不能燃烧的白色无光漆或其他阻燃材料。

（3）门及内外窗应能关合紧密，防尘效果好。

（4）如需新立机架，建议机房的主要通道的门高大于 2 m，宽大于 0.9 m，以不妨碍设备的搬运为宜，室内净高为 2.5 m；否则，无此要求。

（5）地面每平方米水平差不大于 2 mm。

（6）机房通风管道应清扫干净，空气调节设备应安装完毕，性能良好并安装防尘网。

（7）机房要求温度为 -10℃～ 55℃，湿度要求为 5%～ 99%。

（8）机房照明条件应达到设备维护的要求，日常照明、备用照明、事故照明 3 套照明系统应齐备，避免阳光直射。

（9）机房应有安全的防雷措施，机房接地应符合要求。

（10）机房地面、墙面、顶板、预留的工艺孔洞、沟槽均应符合工艺设计要求。当工艺孔洞通过外墙时，应防止地面水浸入室内。沟槽应采取防潮措施，防止槽内湿度过大。所有的暗管、孔洞和地槽盖板间的缝隙应严密，选用材料应能防止变形和裂缝。

（11）各机房之间相通的孔洞、布设线缆的通道应尽量封闭，以减少两室间灰尘的流动。

（12）应设有临时堆放安装材料和设备的场所。

（13）机房内部不应通过给水、排水及消防管道。

（14）为了设备长期正常稳定地工作，设备运行环境的温湿度应满足一定的要求。若当地气候无法保证机房的四季温湿度符合要求时，用户则应在机房内安装空调系统。

2. 基站天面环境检查

由于5G基站使用的频段较高，因此波长越短，绕射（衍射）能力越弱。在传播上损耗越大，无线信号传输距离越短，5G基站的覆盖能力相对越差。因此，5G AAU 安装效果对5G基站天面环境检查提出更加严格的要求，其中需要注意的要点如下。

（1）尽量避免将设备放在温度高、灰尘大和存在有害气体、有易爆物品及气压低的环境中。

（2）尽量避开经常有强震动或强噪声的地方。

（3）尽量远离降压变电所和牵引变电所。

（4）检查天面的空间：天面上是否有足够的空间用来安装天线。天线正对方向30m内不要有明显的障碍物。

（5）检查天面的承重：楼顶的承重（大于150 kg/m²）、铁塔的承重是否能够满足设备的安装要求。

（6）检查上天面方式：说明上到天面的方式是内爬梯还是外爬梯，是否需要钥匙。

（7）检查抱杆的安装方式：在楼顶安装天线时，需要准备用于固定天线的抱杆。抱杆的高度应满足网络规划的要求，抱杆直径满足60～120 mm，建议抱杆直径为80 mm，同时应考虑防风和防雷的要求。采用抱杆安装天线，每根抱杆应分别连接至避雷带。与接地线的连接处须做好防锈、防腐蚀处理。

（8）核查天面最大风速：当地的最大风速情况。

（9）天面的气候情况：当地的雨水、雷电情况。

（10）测量天面的高度。

（11）检查铁塔安装类型及高度，如落地塔、楼顶塔、单管塔或网格塔；检查塔体是否有良好的接地措施；检查塔身布线时能否进行线缆接地；塔体上是否有单独的接地扁铁等。

（12）电磁环境：天面是否有其他无线设备天线，若有则应注明频段和功率，是否满足隔离度要求。

（13）勘察线缆从天线到机房的走线路由，走线路由的原则是使线缆最短、走线最方便，如果线缆需要沿建筑物外墙走，需要考虑线缆安装和维护的方便。

（14）避雷针要求与全向天线的水平距离不小于1.5 m，同时要求天馈设备安装位置在避雷针的保护范围内，空旷地带和山顶保护范围为30°，其他地域为45°。定向天线的避雷针可直接安装在抱杆顶端。

（15）保证GPS接收天线上部 ±50° 范围内没有遮挡物。GPS天线应处于避雷针下45°角的保护范围内。

（16）在采用铁塔方式安装天线时，需要安装铁塔。铁塔的设计和安装必须满足通信系统相关规范的要求，一般要求能够承受200 km/h的风速。铁塔系统的防雷接地系统必须满足规范的要求。

（17）检查女儿墙的厚度、高度、材质，是否适合在女儿墙上钻孔安装设备或支架。

3．机房室内布置

机房的布局包括走线架布置、BBU 安装位置。如果需新设机柜，机柜的摆放位置应充分考虑线缆到 BBU 的方向，馈线应尽可能短且弯曲弧度不应太大；如果需要两个以上的机架时，主机架应尽量放在中间位置。此外，新设机柜的布置采用一排还是多排（与其他设备放同一机房时），由机房的大小和机柜的数量来决定。建议机柜布置满足以下要求。

（1）一排机柜与另一排机柜之间的距离不小于 0.8 m。

（2）机柜正面与障碍物的距离不小于 0.8 m，由于 BBU 机柜需要后开门，机柜背面与障碍物的距离也不应小于 0.8 m。

（3）机柜的放置应便于操作，多机架并排时，机柜排列应整齐美观。

（4）机柜左侧面与墙面距离应大于 40cm，右侧面与墙面距离应大于 20 cm。

4．基站系统电源电压的要求

（1）交流电供电设施除了有市电引入线外，可配备柴油机备用电源。交流电源单独供电，电压范围：380V±10%；220V±10%。

（2）直流配电设备供电电压应稳定，BBU 设备一般标称值为 −48V（−57V ～ −40V），AAU 设备一般标称值为 −48V（−57V ～ −36V）。

（3）蓄电池组的标称电压和电压波动范围应符合基站设备的要求。

（4）电源欠流、欠压、过压均有声光告警。

（5）直流电源安装时一定注意电源极性一致，以防极性反接，损坏设备。

5．基站接地及防雷的要求

（1）机架的工作地、保护地应尽可能分别接地。

（2）机架间接地连线应正确互连。

（3）基站天线、线缆、铁塔、机房正确接地。

（4）GPS 馈线在接天线处，铁塔拐弯处和进机房前各接地一次。

（5）所有电力线和传输线在室外引入室内前均应有妥善的防雷措施。

（6）室内接地系统直接与接地排相连，所有设备接地均连至接地排上，该地排与大楼总地线排相连。

室外型基站，产品具有很好的抗雷击性能，配电设备采用两级避雷防护。为了使设备在雷击大电流释放时不受影响，将避雷器释放地与机柜保护地分开接到大地，以提高产品抗雷击性能。"

▶ **任务实施**

3.2.4 5G 基站勘察

1．勘察前的准备阶段

1）勘察工具准备

基站工程勘察过程中可能使用到的工具和测试仪器如表 3-9 所示。

表 3-9　勘察工具

勘察工具	数码相机	卷尺	测试手机	GPS	测距仪	指南针	望远镜

2）勘察资料准备

基站工程的勘察过程中可能需要使用的资料如下。

（1）勘察记录用表。

（2）在电子地图上找出要勘察站点的经纬度，并对比周围基站的情况做进一步了解，如站间距、新建站点海拔高度与相对高度等情况。

（3）了解新建站点的覆盖范围、覆盖目标及容量目标，初步断定其配置、方向角。

（4）了解站点位置的传输网络，初步确认传输网络路由、网络架构、容量。

（5）初步了解基站的建设方式，如建室内站还是室外站、是否为拉远站、是否采用直流远距离供电等基础信息。

（6）如果是共站建设，就要了解老站的相关信息，如机房大小、电源与电池的伏安数、机房设备图。

3）勘察其他准备

（1）联系好运营商的负责人，定好勘察时间、车辆等。

（2）联系好当地的选点带路人，确定好见面的时间、地点。

（3）联系好机房代维人员，提前获得机房钥匙。

2．室内机房勘察

（1）绘制机房平面草图且记录机房长、宽、高尺寸，并对机房进行全面拍照记录，必须站在机房 4 个角落，尽量把机房设备摆放情况全面地拍摄下来。

（2）在草图上绘制机房已有设备安装位置及尺寸，并记录使用情况，要对各个设备正反两面整体进行拍摄记录，需要对已有设备的内部情况进行拍摄记录，如设备机柜内 BBU 摆放情况、电源设备的端子使用情况、浮充数值、传输端子（ODF/DDF）使用情况、电池容量、机柜内空间大小等。

（3）绘制记录机房走线架及馈线窗、接地排安装的位置和尺寸，对于其使用情况进行记录。

（4）注意机房的大小是否满足新增设备，如果是新增 BBU，设备柜内是否有足够的空间摆放。同时，要了解电源端子、传输端子、电池容量等情况是否满足新增设备的要求，如果不满足，那么是否有足够的空间扩容。

3．室外天面勘察

（1）记录站点天面经纬度，并对 GPS 数值进行拍照。

（2）现场定好天线安装的位置及覆盖范围，并站在楼房边缘的位置拍摄 360°环境照片，每 45°照一张，共 8 张，确保天线安装覆盖方向 100 m 内不能出现明显的阻挡物。

（3）确定天线的方位角及下倾角，覆盖目标的距离，使用坡度仪测量下倾角，使用指南针测量天线的方位角，利用测距仪确定天线挂高。

（4）对站点天面进行拍照，要求站在天面的 4 个角落对天面进行全面无死角的拍照。若天面过大，则需要站在天面中央对天面四周进行拍照，并对要安装天线的位置进行重点拍照。

（5）绘制天面草图，草图上标注尺寸要精准，将天面周边的能占用天面的物件进行详细测量并记录，草图内容必须要能反映出楼宇天面所有物件。

（6）如果站点天面存在共站点天线或其他运营商，需要对其天线与设备的位置、挂高、走线等进行拍摄记录，并在草图上体现。

（7）需要注意天线的架设有多种建设形式，如站点天面在楼顶环境，架设天线可以采用 3 m/6 m/9 m 的美化天线，也可以采用 3 m/6 m 的抱杆，或者使用 9 m/12 m/15 m 的增高架；如果站点楼宇高度不足，可以采用 40 m/50 m 的铁塔；如果站点需求为街道补盲，那么可以考虑路灯杆。表 3-10 所示为天线架设类型。

（8）从常规角度，城区建议天线挂高不超过 40 m，下倾角度不超过 10°。

表 3-10　天线架设类型

美化天线	抱杆	增高架	铁塔	路灯杆

4. 勘察后数据整理

（1）按勘察的实际信息填写电子档勘察记录表。

（2）整理拍摄的照片，按照机房、天面、方向与站点覆盖区域进行命名。

（3）按照草图绘制电子档站点图纸。

（4）归档勘察资料。

（5）将整理归档的勘察资料找到相应的负责人签字确认。

 课后复习及难点介绍

5G 基站设备
清点

现网案例

表 3-11 所示为 5G 基站勘察报告实例。

表 3-11　5G 基站勘察报告实例

5G 基站勘察信息表							
1.1　项目信息							
用户名称：		南京移动		项目名称：		江苏省南京市中国移动×××项目	
基站类型：		5G 宏站		配置：		S111	
站名：		鼓楼区凤凰西街×××站点		站号：		53×××	
1.2　勘察人员信息							
设计院勘察人：		×××		×××公司勘察人		×××	
1.3　建筑物 / 基站信息							
基站详细地址（如站址变更请注明）：		鼓楼区凤凰西街端木×××					
GPS 位置	经度（N）：	118.××788	纬度（E）：	32.0××24	海拔（H）：		27 m
基站天线所在位置地形描述	平原☑		山地□	其他：			
站点位置所属环境	风景区□	工厂□		居民住宅区□		公园□	
	校园区□	农村□		商业区☑		其他：	
基站类型	独立站址□			共站址☑			
2.1　天馈系统							
5G 天线的方位角	设计院方案设计值：	0/140/240	实际安装值	未装则请空	勘察人员的建议值		0/140/240
5G 天线的机械下倾角	设计院方案设计值：	3/3/3	实际安装值	未装则请空	勘察人员的建议值		3/3/3
5G 天线的电子下倾角	设计院方案设计值：	6/6/6	实际安装值	未装则请空	勘察人员的建议值		6/6/6
天线型号：	AP××××	天线位置：	落地塔□	房顶塔□	抱杆☑	山顶塔□	其他：
天线总挂高（单位：m）		Sector1：	27	Sector2：	27	Sector3：	27
天线外观	Sector1	美化天线□	普通天线☑	集束天线□	其他：	共天线系统：□	

天线外观	Sector2	美化天线□	普通天线☑	集束天线□	其他：	共天线系统：□	
天线外观	Sector3	美化天线□	普通天线☑	集束天线□	其他：	共天线系统：□	
GPS 天线是否规范	馈线类型	7/8″□　1/2″☑ 其他□		7/8″□　1/2″☑ 其他□		7/8″□　1/2″☑ 其他□	

2.2　RRH

RRH 安装方式	室内安装□	室外楼顶安装☑		室外铁塔安装□	
跳线长度（RRH 到天线） （单位：m）	Sector1：	3	Sector2：	3	Sector3：　3

2.3　RF 覆盖目标

S1：道路、居民区
S2：居民区、道路、商铺
S3：道路、居民区
周围大部分为 6 层左右的居民楼，其中 45°～120°方向为成片高层小区居民楼

2.4　天线正前方是否存在障碍物（山、高层建筑、本楼等）

S1：无阻挡
S2：无阻挡
S3：无阻挡

2.5　共站隔离距离情况

类别	是	否	备注
5G 与其他无线设备 是否共站？	☑	□	GSM/DCS/TDSCDMA/WCDMA/CDMA/FDD-LTE/TDD-LTE
若是，两个系统天线 的水平距离（m）　Sector1：	垂直/垂直/ 2m/垂直/垂直	Sector2：	垂直/垂直/ 3m/垂直/垂直　Sector3：　垂直/垂直/ 2m/垂直/垂直
若是，两个系统天线 的垂直距离（m）　Sector1：	2 m/2 m/ 水平 /8 m/8 m/	Sector2：	2 m/2 m/ 水平 /8 m/8 m/　Sector3：　2 m/2 m/ 水平 /8 m/8 m/
5G 与其他无线系统在 50 m 范围内共存情况		同楼顶有一 12 m 高联通电信共享塔	

2.6　塔

铁塔的类型	单管塔□	拉线塔□	四方塔□	其他：楼顶抱杆
平台高度（按从上到下的顺序 P1、P2、P3，单位：m）	P1____m		P2____m	P3____m
平台形状 （圆形、方形、六边形）：				
是否需要新平台？	否			
铁塔到机房的水平距离：	10 m			

2.7　基站周围无线环境					
当前环境	北		东	南	西
地理位置：	2		2	2	2
地形：	4		4	4	4
环境分类	1	2	3	4	5	6
地理位置	闹市区	市区	远市区	郊区	远郊	乡村
地形	大山	小山	丘陵	平原		

设计院设计的天线方向照片

Sector1（0°）	Sector2（140°）	Sector3（240°）

实际安装的天线方向照片

Sector1（××度）	Sector2（××度）	Sector3（××度）
如果扇区方位角安装符合设计的角度，需写明"安装方位角符合设计值"。不符的时候贴入照片），未安装请空		

勘察建议的天线方向照片

Sector1（××度）	Sector2（××度）	Sector3（××度）
都需要将角度填入 Sector（××度），自己的勘察建议值下需要贴入照片		

天线特写照片（已安装的贴入已安装的天线照片，未安装的贴入设计位置照片）

Sector1	Sector2	Sector3

建议的天线安装位置照片

Sector1	Sector2	Sector1

其他天线问题照片描述		
GPS 天线	其他天线安装问题描述	其他天线安装问题照片 1
	问题 1： 问题 2： 问题 3： ……	（包含天面设计中遇到的问题，以及设计院方案图纸错误及未标注问题），下同
其他天线安装问题照片 2	其他天线安装问题照片 3	其他天线安装问题照片 4
站点周边环境照片		
0°	45°	90°
135°	180°	225°
270°	315°	天线所在建筑整体外观

基站环境

问题描述	调整建议	其他遗留问题或注意事项
1. 设计的 3 个天线抱杆位置有新增抱杆的空间，但抱杆尚未安装。 2. 设计的 5G S2 天线与本楼顶同侧的 TDSCDMA 距离为 6 m，实际的 5G S2 天线与 TDSCDMA 距离为 2 m，也满足隔离要求	勘察建议：按照设计图纸安装	

用户代表	×××勘察公司代表
签字：	签字：

实训单元：5G 工勘测量

实训目的

（1）掌握 5G 通信技术不同应用场景工程勘察的要求和流程。

（2）具备仪器和仪表的使用能力。

实训内容

（1）根据任务描述完成应用场景的选择。

（2）完成站址选择和站点工勘任务。

实训准备

（1）实训环境准备。

① 硬件：具备登录实训系统的终端。

② 资料：《5G 基站建设与维护》教材、《实训系统指导手册》。

（2）相关知识要点。

① 5G 通信技术三大应用场景的特点。

② 工程勘察的流程、站点的要求、仪器仪表的使用。

实训步骤

1. 应用场景、站点的选择

（1）打开实训系统，单击菜单栏中的"工勘测量"按钮，弹出 eMBB、uRLLC、mMTC 三大应用场景，根据任务背景描述选择对应的场景，如图 3-27 所示。

图 3-27　单击"工勘测量"按钮

（2）选择对应的应用场景后，根据应用场景的特点和要求进行站点选择，如图 3-28 所示。

图 3-28 站点选择

2. 站点工程勘察

（1）单击所选择的站点进入站点工勘界面，如图 3-29 所示。

图 3-29 站点工勘界面

（2）根据任务描述完成工勘报表的填写。
（3）使用工勘界面的仪表完成数据采集，如图 3-30 所示。
（4）工勘报表填写完成后，单击表格左上角的"保存"按钮，完成数据保存。

图 3-30　数据采集

实训小结

实训中的问题：＿＿＿＿＿＿＿＿＿＿＿＿＿＿＿＿＿＿＿＿＿＿＿＿＿＿＿＿＿＿

＿＿＿＿＿＿＿＿＿＿＿＿＿＿＿＿＿＿＿＿＿＿＿＿＿＿＿＿＿＿＿＿＿＿＿＿＿＿＿

＿＿＿＿＿＿＿＿＿＿＿＿＿＿＿＿＿＿＿＿＿＿＿＿＿＿＿＿＿＿＿＿＿＿＿＿＿＿＿

问题分析：＿＿＿＿＿＿＿＿＿＿＿＿＿＿＿＿＿＿＿＿＿＿＿＿＿＿＿＿＿＿＿＿＿

＿＿＿＿＿＿＿＿＿＿＿＿＿＿＿＿＿＿＿＿＿＿＿＿＿＿＿＿＿＿＿＿＿＿＿＿＿＿＿

＿＿＿＿＿＿＿＿＿＿＿＿＿＿＿＿＿＿＿＿＿＿＿＿＿＿＿＿＿＿＿＿＿＿＿＿＿＿＿

问题解决方案：＿＿＿＿＿＿＿＿＿＿＿＿＿＿＿＿＿＿＿＿＿＿＿＿＿＿＿＿＿＿＿

＿＿＿＿＿＿＿＿＿＿＿＿＿＿＿＿＿＿＿＿＿＿＿＿＿＿＿＿＿＿＿＿＿＿＿＿＿＿＿

＿＿＿＿＿＿＿＿＿＿＿＿＿＿＿＿＿＿＿＿＿＿＿＿＿＿＿＿＿＿＿＿＿＿＿＿＿＿＿

结果验证：＿＿＿＿＿＿＿＿＿＿＿＿＿＿＿＿＿＿＿＿＿＿＿＿＿＿＿＿＿＿＿＿＿

＿＿＿＿＿＿＿＿＿＿＿＿＿＿＿＿＿＿＿＿＿＿＿＿＿＿＿＿＿＿＿＿＿＿＿＿＿＿＿

＿＿＿＿＿＿＿＿＿＿＿＿＿＿＿＿＿＿＿＿＿＿＿＿＿＿＿＿＿＿＿＿＿＿＿＿＿＿＿

实训拓展

请接收并完成实训系统中的工勘测量实训任务。

思考与练习

（1）机房内工程勘察的项目有哪些？

（2）机房勘察项目的内容有哪些？

实训评价

组内互评：＿＿＿＿＿＿＿＿＿＿＿＿＿＿＿＿＿＿＿＿＿＿＿＿＿＿＿＿＿＿＿＿＿＿＿

＿＿＿

＿＿＿

指导讲师评价及鉴定：＿＿＿＿＿＿＿＿＿＿＿＿＿＿＿＿＿＿＿＿＿＿＿＿＿＿＿＿＿＿

＿＿＿

＿＿＿

课后习题

1. 在进行室内机房勘察时，地面每平方米水平差不大于（　　）。

A. 4 mm　　　　B. 3 mm　　　　C. 2 mm　　　　D. 1 mm

2. GPS 天线应处于避雷针下（　　）角的保护范围内。

A. 45°　　　　B. 90°　　　　C. 30°　　　　D. 60°

3. 室外天面勘察中需每隔（　　）拍摄一张照片。

A. 45°　　　　B. 90°　　　　C. 30°　　　　D. 60°

任务 3 　5G 基站设备清点

▷ 课前引导

　　在日常生活中，每个人都有签收快递的经历，针对普通物品和贵重物品快递的签收过程中，请你回忆一下有什么不同？5G 基站的设备同样也是通过物流进行运输最终抵达客户手中的，请思考：5G 基站设备在进行验收的过程中和进行快递验收有哪些相似之处和不同之处？

任务描述 ◁

　　设备到货后，需要进行开箱验货，确保运输途中设备没有损坏，然后进行设备清点，确保设备数量和种类没有错误。开箱验货和设备清点无误后，要与客户一起在《开箱验货报告》上签字确认。若设备损坏或设备数量和种类有误，则需要向发货方反馈进行问题确认，以补发货物。

　　通过本任务的学习，需要你理解开箱验货的流程和开箱验货的注意事项，掌握第一号包装箱、机柜木箱、小型木箱和纸箱的开箱流程和检查存放要求；了解货物堆放的要求；掌握《开箱验货报告》和《补发货申请单》的填写。

▷ 任务目标

　　● 了解设备开箱验货的规范。
　　● 掌握设备开箱验货的流程。
　　● 掌握开箱验货问题的处理。

3.3.1 开箱验货的流程

开箱验货的流程如图 3-31 所示。

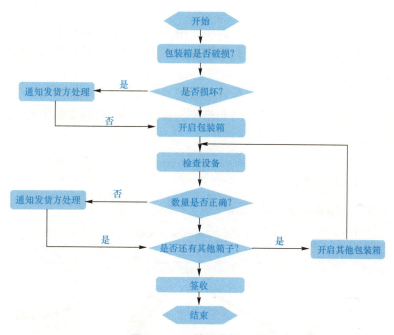

图 3-31 开箱验货的流程

3.3.2 开箱验货的注意事项

开箱验货的注意事项如下。

（1）检查各个包装箱是否完好。开箱之前，必须检查各个包装箱是否完好。如果包装箱有破损、受潮、箱体变形等问题，必须要检查包装箱的破损是否影响箱子里的设备，必须详细记录破损情况，必要时拍照记录，对于问题箱体需要现场与发货方沟通协调并返厂更换。

（2）过程有序。必须按照合理的顺序开箱验货，且堆放货物按照规划方案进行。设备的全部部件清单和技术文件都放在第一号包装箱内，第一号包装箱里的文件对后续开箱有指导作用，因此应该首先开启第一号包装箱。

（3）动作合理，避免受伤。开箱动作要合理，一方面保证设备不损坏，另一方面要注意保护自己和合作伙伴，确保不受伤。开箱过程中要轻拿轻放，以防损坏设备的表面涂层。

（4）使用工具得当。不同的箱子需要不同的工具开启，不同的设备需要不同的工具搬运。必须选择合适的工具，才能开箱顺利，避免损坏设备。

（5）防静电。要特别注意电路板的防静电要求，不要撕破电路板的防静电袋。

（6）数据完整。各种箱子里的设备种类繁多，一定要和装箱清单一一对照，确保不遗漏记录，也不多记录。

▶ **任务实施**

3.3.3 开箱概述

通信设备是贵重的电子系统设备，在运输过程中有良好的包装及防水、防震动标志。在设备抵达地点后，要防止野蛮装卸及日晒雨淋。开箱前，必须确保相关方都在场方可开箱验收。开箱前，应按各包装箱上所附的货运清单点明总件数，检查包装箱是否完好。

包装箱有木箱和纸箱两种。

（1）木箱一般用于包装大型设备，如机柜使用一个较大的木箱包装，机柜的门板各自使用较小的木箱包装。其他的材料和物件可以直接放在大木箱里，也可以用纸箱包装好并注明设备种类后，再放入大木箱中。

（2）纸箱一般用来包装小型设备、各种电路板、终端设备和辅助材料。

所有木箱和纸箱都标明了箱子的序号和箱子的总数。第一号包装箱里有《开箱验货报告》和《设备装箱清单》。

3.3.4 开箱工具准备

开箱前，准备工具清单如表 3-12 所示。

表 3-12　准备工具清单

防刺、防砸安全鞋	锤子	撬棍	美工刀	护目镜	防割手套

3.3.5 开箱流程

包装箱的开箱流程如图 3-32 所示。

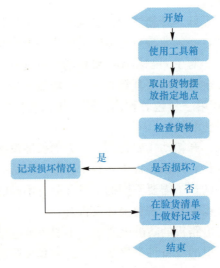

图 3-32　开箱流程

3.3.6　第一号包装箱的开启

包装木箱的结构基本一样，根据所包装的设备大小不同，因此包装木箱的大小有区别，但是开箱方法基本一致。包装木箱外观如图 3-33 所示。

1. 开箱过程

先找到第一号包装木箱。木箱开箱示意图如图 3-34 所示。

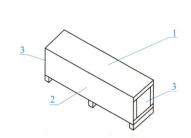

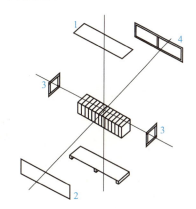

图 3-33　包装木箱外观

1—上盖板；2—两端侧板；3—侧板

图 3-34　木箱开箱示意图

1—拆开上盖板；2—拆开前侧板；3—拆开侧板（两端）；4—拆开后板

木箱开箱的步骤如下。

（1）将木箱水平放置，使用铁锤将撬棍由上盖板打入箱内约 5cm，下压撬棍尾部，使盖板上翘，沿上盖板四周重复上述动作，直至取下上盖板（储运标志的箭头方向为上盖）。

（2）拆开前侧板。

（3）拆开两端侧板。

（4）拆开后板。

注意：使用撬棍时，注意不要触及箱内设备，以免损坏设备。木箱固定铁钉锋利，应慎防铁钉伤人。

2. 清点箱子数量

一般情况下，木箱内有多个纸箱，第一号纸箱里放有《开箱验货报告》和《设备装箱清单》。有时设备相关资料也会单独邮寄，此时可直接获取。

根据《设备装箱清单》上的装箱单号找到所对应的包装箱，然后确认数量是否与装箱清单一致。若实物与清单不符，则应联系发货方确认解决方法。

3. 规划货物堆放方案

如果设备较多，开箱之后，设备必须堆放有序，便于安装时按需搬运。因此，必须事先规划面积足够的区域，用于堆放设备。

拿到《设备装箱清单》后，就可以根据设备安装次序规划堆放方案。堆放规划图如图 3-35 所示。

堆放原则如下。

（1）要根据房间大小综合考虑堆放区域，如果临时面积较大，堆放区域可以宽松一些；如果可用面积较小，堆放区域必须紧凑。

（2）堆放区域应靠墙较近。

（3）设备较多时，要分成几个独立区域堆放，前后左右留有 1 m 以上的过道。

（4）先用的设备、物料放在外面。

（5）对于纸箱需要多层堆放时，不要超过 4 层（若纸箱上标明了堆放层数限制，则以标明的信息为准）。质量轻且需要先用到的物品放在上面。规划堆放方案要充分估计设备可能占用的面积，以及设备的安装顺序。

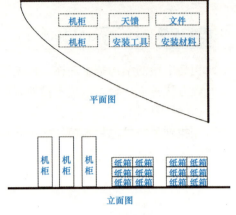

图 3-35　堆放规划图

3.3.7　机柜木箱的开箱

机柜木箱的开箱步骤类似于第一号包装木箱的步骤。机柜木箱外观如图 3-36 所示。

机柜在包装木箱内由塑料袋包裹，各棱边使用枕垫做保护，并用胶带妥善固定，机柜在木箱内的包装示意图如图 3-37 所示。

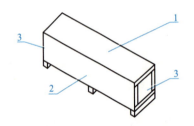

图 3-36　木箱外观

1—上盖板；2—侧板；3—两端侧板

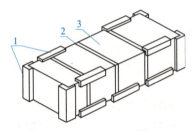

图 3-37　设备机柜包装示意图

1—枕垫；2—胶带；3—机柜

1. 开箱过程

机柜木箱开箱示意图如图 3-38 所示。

机柜木箱由箱体、泡沫包角、胶带、衬板、托架等包装材料组成。开箱前最好将包装箱搬至机房或机房附近进行开箱，以免搬运时造成损坏。

机柜木箱开箱的步骤如下。

（1）将木箱水平放置，使用铁锤将钢钎由上盖板打入箱内约 5cm，下压钢钎尾部，使盖板上翘，沿上盖板四周重复上述动作，直至取下上盖板（储运标志的箭头方向为上盖）。

（2）拆开前侧板。

（3）拆开两端侧板。

（4）拆开后板。

（5）移开泡沫板。

（6）打开防湿用塑料薄膜。

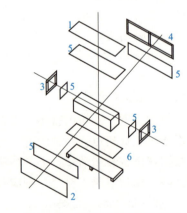

图 3-38　机柜木箱开箱示意图

1—拆开上盖板；2—拆开前侧板；3—拆开侧板（两端）；4—拆开后板；5—移开泡沫板；

6—打开防湿用塑料薄膜

（7）将机柜小心取出木箱，除去机柜上的枕垫、塑料袋包装物。

（8）如果需要立即安装，应首先将机柜底部的 4 个支脚按逆时针方向旋下，以保证竖立后设备高度保持一致。

另外，有的机柜必须竖立放置，其开箱方法略有不同，步骤如下。

（1）将木箱水平放置，使用铁锤将钢钎由上盖板打入箱内约 5cm，下压钢钎尾部，使盖板上翘，沿上盖板四周重复上述动作，直至取下上盖板（储运标志的箭头方向为上盖）。

（2）把木箱立起，注意支脚朝下。

（3）从箱中拉出机架，注意拉出之前不能去除机架包装胶带。

（4）去除机架包装胶带。

（5）去除机柜顶部枕垫，拆除 4 个包角，拆除前后盖板。

2．检查存放

（1）将机柜移动到规划的堆放区域。搬动机柜应至少 3 个人合力进行，可使用特殊的搬运工具，如平板运输推车。

（2）检查机柜附件是否齐全，外表是否整洁、无划痕、无松动；内部是否无污迹；接插件连接是否可靠，标识是否清晰。

（3）对于上述情况，需要一一处理，如果有损坏或缺少物件的情况，应该记录。

（4）根据设备验货清单进行验收，并做好记录。

3.3.8　小型木箱的开箱

一些较小型设备通常不配置机柜，根据设备的大小和质量直接用相应大小的木箱或纸箱包装整机。

1．开箱过程

整机包装木箱外观如图 3-39 所示，两侧分别贴有用户地址单和装箱清单。

整机包装木箱的开箱示意图如图 3-40 所示。

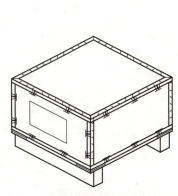

图 3-39　整机包装木箱示意图

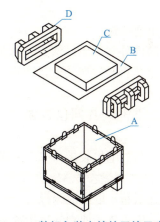

图 3-40　整机包装木箱的开箱示意图

1—木箱；2—塑料，包装袋；3—设备；4—包装精垫

开箱前最好将包装箱搬至机房或机房附近进行开箱，以免搬运时造成损坏。整机包装木箱开箱的步骤如下。

（1）使用工具撬开箱盖和箱体接合处的搭扣，取下盖板。

（2）将设备连同包装枕垫和塑料包装袋一起从木箱内取出。

（3）去除包装枕垫，打开塑料包装袋，取出设备，放在水平平面上。

2．检查存放

将设备移到规划的堆放区域，检查外表是否整洁、无划痕、无松动，标识是否清晰。对于上述情况，需要一一处理。如果有损坏或缺少物件的情况，应该记录。根据设备验货清单进行验收，并做好记录。

3.3.9 纸箱的开箱

纸箱一般用来包装小型设备、各种电路板、终端设备和辅助材料。单板使用专用的防静电袋、防静电海绵垫及单板包装纸盒进行包装。电路板是置于防静电保护袋中运输的。拆封时，必须采取防静电保护措施，以免损坏设备。同时，还必须注意环境温湿度的影响。防静电保护袋中一般有干燥剂，用于吸收袋内的水分，保持袋内干燥。当设备从一个温度较低、较干燥的地方拿到温度较高、较潮湿的地方时，至少必须等 30 min 以后再拆封；否则，会导致潮气凝聚在设备表面，损坏设备。

纸箱一般是放在木箱内，若一次到达现场的设备数量较少且体积较小，则可能没有木箱包装。

1．开箱过程

纸箱开箱的过程示意图如图 3-41 所示。

纸箱开箱的步骤如下。

（1）查看纸箱标签，了解箱内单板类型、数量。

（2）使用斜口钳剪断打包带，再用美工刀沿箱盖合缝处划开胶带，在用刀时注意不要插入过深，以免划伤内部物品，然后打开纸箱。

（3）取出泡沫板。

（4）对照内外装箱单，清点箱内物品，查看单板数量是否与注明的数量相符，当面签收。

（5）取出护垫，连同包装袋一起取出单板。

（6）打开防静电包装袋，取出电路板。

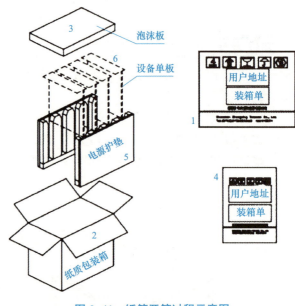

图 3-41 纸箱开箱过程示意图

1—查看标签；2—打开纸箱；3—移开泡沫板；

4—检查装箱单；5—取出护垫；6—取出电路板

2．取出纸箱内设备/部件的过程

（1）打开纸箱，取出泡沫板。

（2）查看单板货物或别的货物数量是否与纸箱标签上注明的数量相符。

（3）打开防静电包装袋，取出电路板，取下干燥剂。

（4）根据设备验货清单进行清点和验收。

3．检查存放

（1）如果单板不马上使用，请不要拆开防静电包装袋。

（2）详细检查单板的型号是否与装箱单上标明的一致，有没有变形损坏。如果有此情况，必须记录并上报。

（3）暂时不用的单板仍然放在原包装箱中，并将纸箱放在规划的区域。

3.3.10 货物清点及检查

1. 货物数量的统计和对照

在开箱过程中，就可以对货物进行统计、检查和对照。《设备装箱清单》已经非常明确地记录了本次设备清单的种类和数量。

2. 货物检查

货物检查是对设备的外观进行初步检查，目的是及时发现在运输过程中造成的设备损坏，通知有关部门及时处理，减少损失，并保留向承运人索赔的依据。检查项目如下。

（1）从木箱取出机柜后直立于坚实水平地面上，机柜无倾斜。

（2）机柜外观无凹凸、划痕、脱皮、起泡及污痕。

（3）各紧固螺钉无松动、脱落、错位等。

（4）机柜机框安装槽位完好。

（5）单板槽位引条无缺损或断裂。

（6）机柜安装所需的各种配件和附件配套完整。

（7）安装槽位识别标志完好、清晰、无脱落。

（8）机柜上汇流条、风扇、安装部位无损伤或变形。

（9）机柜表面漆无脱落、划伤。

（10）附件齐套，部件无变形和损坏。

（11）计算机没有变形。

（12）保护单板的泡沫没有破裂，单板没有扭曲变形。

3.3.11 货物堆放

1. 堆放的顺序要求

在规划堆放方案时，就明确了堆放的顺序要求。

（1）先用的设备/材料/物件放在外面。

（2）对于纸箱需要多层堆放时，不要超过 4 层（若纸箱上标明了堆放的层数限制，则以标明的为准），质量轻且需要先用到的物件放在上面。

（3）在堆放过程中，不能把木箱放在纸箱上面，同时木箱、纸箱的堆放层数不能超过包装箱的指示，防止货物被压坏，禁止堆放杂乱。

（4）在堆放过程中，对于易碎品、单板、计算机主机，不要堆放在货物的底层。

（5）堆放时动作要轻。

2. 堆放过程

一般以纸箱形式堆放，堆放顺序如图 3-42 所示。

堆放过程如下。

（1）确定货物堆放的地点。

（2）堆放机柜，机柜的前、后、侧板。

图 3-42 堆放顺序

（3）堆放电缆、网线、各种配件。

（4）堆放其他的服务器、板件。

3．货物品种标识

为了便于在安装过程中查找所需物件 / 物料，纸箱上的标识应该朝外。

如果有的纸箱上没有标识标明物件 / 材料种类，必须制作标识，并粘贴在显眼的位置。

3.3.12 签收及短缺、损坏货物的处理

1．货物验收

（1）验收必须在相关方都在场时进行，验货完毕后，各方需在《开箱验货报告》上签字确认。

（2）《开箱验货报告》各方各执一份，注意及时归档。

2．短缺、损坏货物的处理

（1）在开箱验货过程中，如果发现缺货、欠货、错货、多货或货物损坏等情况，应查明原因。

（2）对于需要补发货物的情况，应填写《补发货申请单》，及时反馈给发货方，以便进行相应处理。

课后复习及难点介绍

5G 基站设备
安装

难点：5G
基站设安装

实训单元：5G 设备开箱

实训目的

（1）掌握设备签收的注意事项和签收流程。

（2）具备设备硬件数量配置的能力。

实训内容

（1）按照设备签收标准完成货箱的选择。

（2）根据相应的设备数量完成设备清单的输出。

实训准备

（1）实训环境准备。

①硬件：具备登录实训系统的终端。

②资料：《5G 基站建设与维护》教材、《实训系统指导手册》。

（2）相关知识要点。

①明确设备签收的标准及流程。

②明确货箱中货物的功能。

实训步骤

（1）打开实训系统，单击菜单栏中的"设备安装"按钮，选择仓库图标，进入仓库，如图 3-43 所示。

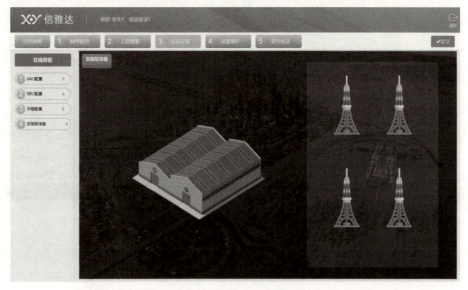

图 3-43　选择仓库图标

（2）进入仓库后，单击货架，进入货箱选择界面，如图 3-44 所示。

图 3-44 仓库

（3）根据货物签收标准进行货箱选择，如图 3-45 所示。

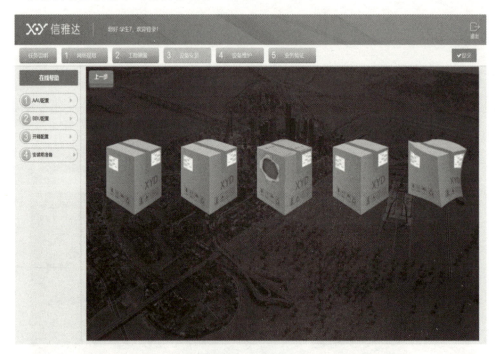

图 3-45 货箱选择

（4）选择货箱后查看货箱信息，可以根据箱体外表、信息等进行货箱更换、开箱、退货（注意，单击"更换""退货"按钮均会返回上一界面），单击"开箱"按钮进入设备清单核对界面，如图 3-46 所示。

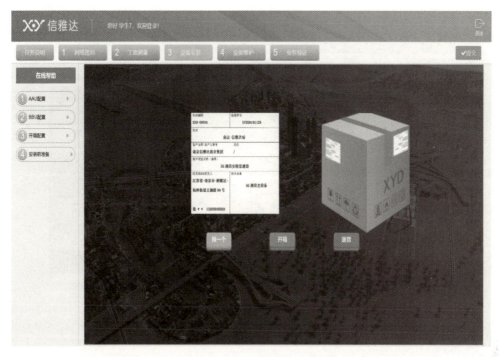

图 3-47　设备清单核对界面

（5）根据设备清单的内容，选择对应的硬件图标查看数量，如图 3-47 所示。

图 3-47　选择对应的硬件图标

（6）根据所显示的数量，完成设备清单表格，如图 3-48 所示。

（7）完成清单表格填写后，单击下方的"保存"按钮完成数据保存。

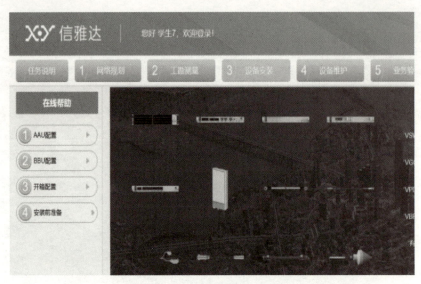

图 3-48　完成设备清单表格

评定标准

（1）选择包装完好、正确的货箱。

（2）按照实际硬件的数量正确地完成设备清单的填写。

实训小结

实训中的问题：_____

_____

_____

问题分析：_____

_____

_____

问题解决方案：_____

_____

_____

结果验证：_____

_____

_____

实训拓展

请接收并完成实训系统中的安装前准备任务。

思考与练习

（1）现实中在设备接收过程中哪些情况是需要进行退货的？退货流程是什么？

（2）设备签收需要哪些人员在签收现场？他们的角色是什么？

实训评价

组内互评：＿＿＿＿＿＿＿＿＿＿＿＿＿＿＿＿＿＿＿＿＿＿＿＿＿＿＿＿＿＿＿＿＿

＿＿＿＿＿＿＿＿＿＿＿＿＿＿＿＿＿＿＿＿＿＿＿＿＿＿＿＿＿＿＿＿＿＿＿＿＿＿＿

＿＿＿＿＿＿＿＿＿＿＿＿＿＿＿＿＿＿＿＿＿＿＿＿＿＿＿＿＿＿＿＿＿＿＿＿＿＿＿

指导讲师评价及鉴定：＿＿＿＿＿＿＿＿＿＿＿＿＿＿＿＿＿＿＿＿＿＿＿＿＿＿＿＿

＿＿＿＿＿＿＿＿＿＿＿＿＿＿＿＿＿＿＿＿＿＿＿＿＿＿＿＿＿＿＿＿＿＿＿＿＿＿＿

＿＿＿＿＿＿＿＿＿＿＿＿＿＿＿＿＿＿＿＿＿＿＿＿＿＿＿＿＿＿＿＿＿＿＿＿＿＿＿

课后习题

1. 请画出 5G 开箱验货的流程图。

2. 在开箱验货过程中，若发现短缺、损坏货物应该如何处理？

任务 4　5G Qcell 设备安装

课前引导

前面的课程中给大家介绍了 5G 基站设备的组成和设备的清点，在 5G 基站设备实际安装过程中可以分成室内安装和室外安装两个部分。请你思考：在室内安装和室外安装主要安装的是哪些设备和辅材？不同类型的线缆安装过程中可能会有什么规范？

任务描述

设备到货并完成开箱验货后，即可开始硬件安装，本任务介绍 5G Qcell 设备硬件安装，包括机柜安装、5G Qcell 设备安装、单板安装、5G 线缆安装、GPS 天线安装、天线方位角测量、天线倾角测量和天线挂高测量等内容。

任务目标

- 掌握机柜安装。
- 掌握 5G Qcell 设备安装
- 掌握单板安装。
- 掌握 5G 线缆安装。
- 掌握 GPS 天线安装。

3.4.1　掌握 5G 基站硬件架构

要完成 5G 基站硬件安装，需要了解 5G 基站硬件设备，请参见任务 1 "绘制 5G 基站硬件架构图"。

任务实施

3.4.2　5G 基站安装流程

5G 基站安装流程如图 3-49 所示。

图 3-49　5G 基站安装流程

3.4.3　安装准备

1．安全说明

1）个人防护

（1）工作前摘除可能影响设备搬运或设备安装的个人饰品，如项链、戒指等。

（2）工作时应穿戴个人防护用品，戴上安全帽。

（3）注意设备上粘贴的安全标识以及提醒或警告文字。任何条件下不得遮盖或者除去设备上贴的安全标识和提醒 / 警告信息。

2）操作安全

（1）高空作业人员必须接受过相应的培训并获得资质证书，高空作业必须遵循当地法律法规和指导文件。

（2）电气设备必须由具有资质的电工进行安装或改造。不正确的电气安装会引发火灾、触电、爆炸等危及人身和财产安全的后果。

（3）设备较重，在高空作业时，如果不使用提升装置来提升设备，那么可能会造成伤害。

（4）在铁塔或高处作业时需回避雨雾等不良天气。

（5）坠落的物体可能造成严重甚至是致命的人身伤害，严禁站在重物下方。

（6）建议在气温 −20℃以上进行光纤类的施工。

2．环境检查

机房建设的验收要求如下。

（1）机房的建设工程已全部竣工。

（2）机房地面每平方米水平差不大于 2 mm。

（3）机房地面、墙面、顶板、预留的工艺孔洞、沟槽均符合工艺设计要求。

（4）工艺孔洞通过外墙时，应防止地面水浸入室内。沟槽应采取防潮措施，防止槽内湿度过大。

（5）所有的暗管、孔洞和地槽盖板间的缝隙应严密，选用的材料应能防止变形和裂缝。

（6）应设有临时堆放安装材料和设备的场所。

（7）机房附近不能有高压电力线、强磁场、强电火花，以及其他威胁机房安全的因素。

3. 设备搬运注意事项

（1）运输设备时应保留机柜外包装，能起到在运输过程中保护内部设备的作用，有效避免设备表面的擦碰损伤。对于机柜，禁止在拆除机柜包装后，裸机柜运输。

（2）设备运输到现场拆除外包装后，设备的挪动和临时停放都必须注意保护。例如，机柜临时停放时，底部要垫纸箱等缓冲材料，避免与地面和周边物体直接擦、磕、碰。

（3）站点现场搬运较重设备（如机柜）时，首选使用机械进行搬运。吊运机柜时，应注意牵引，避免机柜与其他物体碰撞，导致机柜表面损伤。

（4）在站点现场搬运条件受限，需要对设备进行搬运时，应提前准备好泡沫塑料、纸板等防护材料，用于对机柜着力点和触碰点进行软隔离防护，避免设备表面的擦碰损伤。

4. 设备安装注意事项

安装时应注意以下事项。

（1）安装人员在进行设备安装时，一定要注意个人安全，防止触电、砸伤等意外事故的发生。

（2）安装人员在进行单板插拔等操作时应戴有防静电手环，并确保防静电手环的另一端可靠接地。

（3）手持单板时，应接触单板边缘部分，避免接触单板线路、元器件、接线头等。注意轻拿轻放，防止手被划伤。

（4）插入单板时，切勿用力过大，以免把板上的插针弄歪。应顺着槽位插入，避免相互平行的单板之间接触引起短路。

（5）进行光纤的安装、维护等各种操作时，严禁肉眼直视光纤断面或光端机的插口，激光束射入眼球会对眼睛造成严重伤害。

（6）设备的包装打开后，在24 h内必须上电。后期进行维护时，下电时间不能超过24 h。

5. 工具准备

安装工程中可能使用到的工具和测试仪器如表3-13所示。

表3-13 工具准备

项目	工具清单		
	卷尺	水平尺	记号笔
丈量画线工具			
	电动冲击钻	配套钻头若干	吸尘器
打孔工具			

项目	工具清单				
紧固工具	螺丝刀	内六角扳手	活动扳手	力矩扳手	筒扳手
钳工工具	嘴钳	斜口钳	老虎钳	液压钳	剥线钳
辅助工具和材料	轮组	绳子	安全帽	防滑手套	梯子
	电源接线板	热吹风机	锉刀	钢锯	毛刷
	美工刀	扎带	防水胶带	绝缘胶带 / 防紫外线胶带	羊角锤
专用工具	功能压接钳	网线水晶头压线钳	同轴电缆剥线器	馈线头刀具	指南针
仪器	万用表	驻波比测试仪	地阻测量仪	网线测试仪	

3.4.4 安装基站

1．机柜安装

机柜安装流程如图 3-50 所示。一般来说，基站安装主要是利用机房中原有的 19 英寸机柜的空余空间，如果原有机柜空间不足，则需要新安装机柜，安装机柜的主要流程如下：

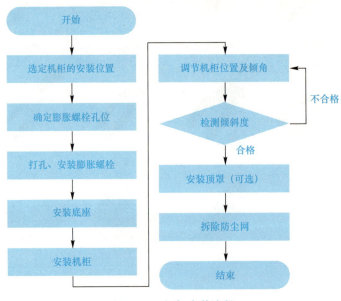

图 3-50　机柜安装流程

2．机柜安装方式

机柜安装常见有两种安装方式：基座安装方式和底座安装方式。

1）基座安装方式

基座安装方式适用于机房地板是防静电地板的情况。

基座安装方式中基座作为机柜的支撑。基座通过膨胀螺栓固定到水泥地面上，基座高度与防静电地板的高度大致相同，一般基座高度以略低于放静电地板上表面为宜。机柜通过四个支脚承载基座上，并通过压板将机柜支脚与基座固定。

基座高度调整以 25mm 为一格，可适用于高度（水泥地面与防静电地板上表面间距离）为 115mm~480mm 的防静电地板的安装。根据工程现场防静电地板的高度确定选用的基座形式。

（1）机柜定位与基座定位。机柜定位就是要确定机柜的安装位置，一方面要按照机房平面设计图的设计，检查机柜位置的安排是否符合对摆放要求；另一方面要检查基座的安装位置是否与防静电地板骨架的位置冲突。

基座定位就是确定基座的安装位置与膨胀螺钉的打孔位置。

机柜定位步骤如下：

①确定机柜安装位置。根据机房平面图给出的机柜布放位置。

②基座定位。基座位于机柜的正下方，使用划线模板，划出基座安装孔位置（4 个膨胀螺栓孔的位置，即模板中 4 个大孔）、机柜轮廓，如图 3-51 所示。

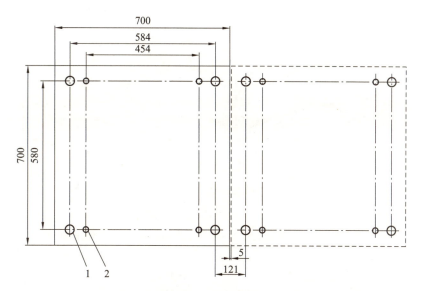

图 3-51　画线模板

1—基座安装方式时的打孔位置；2—底脚安装方式时的打孔位置

③水泥地面上钻孔。移去划线模板，在地板标记位置处，钻孔（安装 M12×100 膨胀螺栓），深度 60mm。注意保证深度尺寸。使用冲击钻（或电锤）打孔时要保证钻头与地面保持垂直，双手紧握钻柄，垂直向下用力，不要摆晃，以免破坏地面、加大孔径、使孔倾斜。如地面特别光滑，钻头不易定位，可先用样冲在孔位上凿一个凹坑，帮助钻头定位。打孔完成后用吸尘器吸净灰尘，并对孔距进行测量，对于误差大的孔需要重新定位、打孔。

（2）安装基座。基座安装步骤如下：

①安装膨胀螺栓。取下膨胀螺栓上的垫圈、螺母，将膨胀螺栓杆和膨胀管垂直放入孔中，用橡胶锤敲打膨胀螺栓，直到将膨胀螺栓的膨胀管全部敲入地面。

②安装基座。先将基座固定支架放好，注意调整固定支架的位置，使固定支架的中心与机柜轮廓中心基本对齐。 根据防静电地板的高度确定活动支架的安装高度，并与固定支架连接好。基座的装配流程如图 3-52~ 图 3-54 所示。

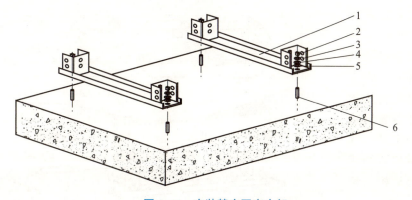

图 3-52　安装基座固定支架

1—六角螺母 M12；2—弹簧垫圈 12；3—平垫圈 12；4—绝缘垫圈；5—固定支架；6—膨胀螺栓 M12×100

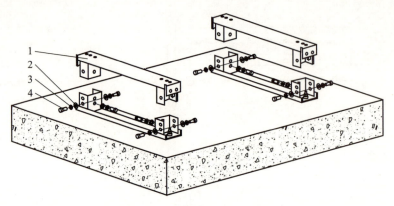

图 3-53 安装基座活动支架

1—活动支架；2—平垫圈 12；3—弹簧垫圈 12；4—六角头螺栓 M12×30

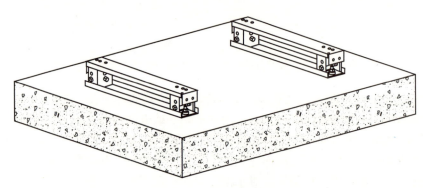

图 3-54 基座固定完成

（3）机柜固定。具体步骤如下：

①悬空滚轮。调节机柜的支脚，使滚轮悬空或拆除，以免机柜在基座上滚动，发生危险。

②将机柜抬到基座上。将机柜抬到基座上，注意保证机柜与基座的中心大致一致。

③调整机柜的水平。为了保证机柜的水平，在机柜顶部平面两个相互垂直的方向放置水平尺，检查机柜水平度。若不水平，则根据具体情况重新调整支脚高度。

④机柜的固定和绝缘，如图3-55所示，1.在机柜的支脚与螺纹孔间放入连接压板；2.将支脚上的螺母悬下将压板固定紧；3.再用螺钉将压板与基座固定紧，注意在装螺钉时安装绝缘垫圈，以确保机柜与地面绝缘。

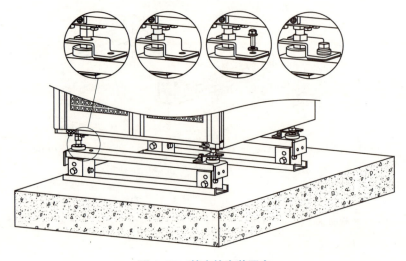

如图3-56，显示了机柜固定在基座上的效果。

图 3-55 基座的安装固定

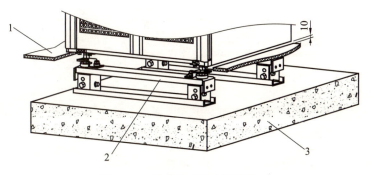

图 3-56　基座方式的安装效果

1—防静电地板；2—基座；3—水泥地面

2）底座安装

底脚安装方式适用于水泥地面的安装。机柜通过四个压板将机柜支脚与地面固定，从而将机柜固定在地面上。

（1）机柜定位。根据施工平面设计图来确定机柜的安装位置，关键是地面膨胀螺栓孔（共4个）位置的确定。机柜定位步骤如下：

①地板划线。根据机柜布放位置，将划线模板放置在地板上，利用模板在地板上标记出膨胀螺栓孔位置（每个机柜有4个膨胀螺栓孔，即模板上的4个小孔）、机柜轮廓。模板图如图3-51 所示。

②钻孔。移去划线模板，在地板标记位置处钻孔（安装 M12×100 膨胀螺栓），深度60mm。注意保证深度尺寸。使用冲击钻（或电锤）打孔时要保证钻头与地面保持垂直，双手紧握钻柄，垂直向下用力，不要摆晃，以免破坏地面、加大孔径、使孔倾斜。如地面特别光滑，钻头不易定位，可先用样冲在孔位上凿一个凹坑帮助定位。打孔完成后用吸尘器吸净灰尘，并对孔距进行测量，对于误差大的孔 需要重新定位、打孔。

③安装膨胀螺栓。取下膨胀螺栓上的垫圈、螺母，将膨胀螺栓杆和膨胀管垂直放入孔中，用橡胶锤直接敲打膨胀螺栓，直到将膨胀螺栓的膨胀管全部敲入地面。

（2）机柜固定。包括压板固定和裙板安装。具体步骤如下：

①机柜的高度调节和水平调节。将机柜摆放至预定的位置（即机柜轮廓位置），并调节机柜底部的 4 个支脚（可以利用扳手）的高度，使机柜滚轮悬空，机柜离地面高度大于 90mm。为保证机柜的水平，在机柜顶部平面两个相互垂直的方向放置水平尺，检查机柜水平度。若不水平，则根据具体情况重新调整支脚高度。

②机柜的固定和绝缘，如图 3-57 所示。

• 在机柜的底脚与膨胀螺栓间放入连接压板。

• 将底脚上的螺母悬下将压板固定紧。

• 再将压板与膨胀螺栓通过螺母固定紧，注意在上螺母前先安装绝缘垫圈，以确保机柜与地面绝缘。机柜压板安装固定过程。

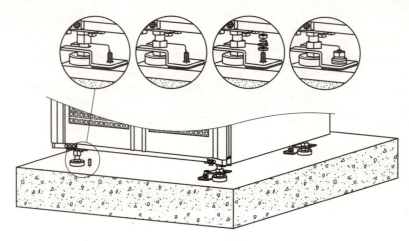

图 3-57　机柜压板的安装固定

底脚方式的固定效果如图 3-58 所示。

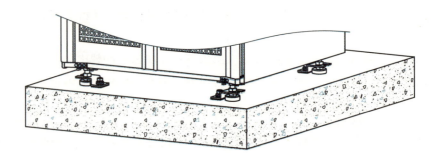

图 3-58　底脚方式的固定效果

3.4.5　安装 Qcell

1. 安装注意事项

（1）使用光电复合缆时，光纤接头制作推荐采用热熔方式制作。

（2）Qcell RRU 禁止直接搁置在天花板上，避免生物（如老鼠等）造成设备永久损坏，如图 3-59 所示。

（3）Qcell RRU 禁止安装在金属天花板和其他金属结构件后面。金属材质会对无线信号造成屏蔽，导致设备无法使用，如图 3-60 所示。

图 3-59

图 3-60

（4）Qcell RRU 不防水，禁止安装在天井等飘雨的半开阔场景，否则会导致设备进水腐蚀，造成设备永久损坏，如图 3-61 所示。

（5）线缆在 Qcell RRU 侧要做防水弯，严格避免雨水 / 空调冷凝水顺着网线或光电复合缆流入设备，否则会导致设备网口和光口进水腐蚀，造成设备永久损坏，如图 3-62 所示。

<table>
<tr><td>图 3-61</td><td>图 3-62</td></tr>
</table>

（6）Qcell RRU 在可拆卸天花板安装时，注意天花板的承重能力。天花板必须能长期承重8 公斤。如果天花板较薄，长期承重存在风险，建议将 L 支架两端搭在天花板龙骨架的底边边框上，如图 3-63 所示。

①L 型支架平直一侧的两端搭在龙骨架的底边边框上，与龙骨架呈三角形摆放。

②L 型支架凸出一侧和网线打孔位置，朝向可拆卸天花板的中心。

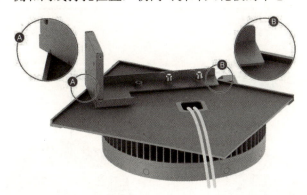

图 3-63

（7）Qcell RRU 禁止不固定直接搁置。

（8）禁止设备被其他物件覆盖，影响散热，会导致设备损坏。

（9）严禁不按设计图纸随意连接线缆！必须确保设备连接关系和图纸一致。否则会导致无法正常开通运行。

（10）网线或光电复合缆两端连接前，必须经过网线测试仪或光功率计等验证。以确保线缆质量，避免做线问题导致重复上站。

（11）网线和水晶头要求采用随设备发货的物料，不得使用其他途径获取的以太网线。若合同规定以太网网线由现场自行采购，则以太网线需满足"YD/T 1019-2013"标准。

（12）光电复合线缆的功率水晶头不支持使用异厂家的水晶头。

（13）Qcell RRU 上禁止摆放易燃物品。

（14）Qcell RRU 必须浮地，不能直接或间接接地，否则会导致 Qcell RRU 无法上电或供电不足等问题。Qcell RRU 的外置天线接口到天线之间所有裸露的金属接头，都必须要做绝缘处理，如图 3-64 所示。

（15）Qcell RRU 安装时要求与其他信号发射源（如 DAS 天线、其他厂家 / 运营商同类型产品）水平间距不低于 1.5m。

（16）挂装设备前，必须先连接固定好线缆。线缆扎带绑扎整齐美观，线扣间距均匀，松紧适度，朝向一致。多余扎带剪除，扎带必须齐根剪平不留尖。

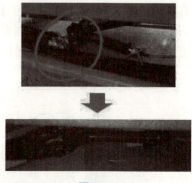

图 3-64

2. 安装场景

安装场景如图 3-65 所示。

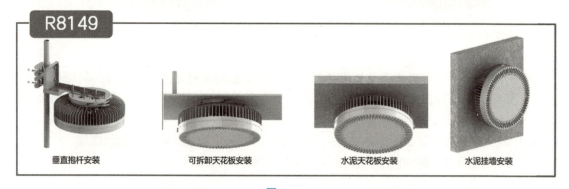

图 3-65

3. 空间要求

安装要求如图 3-66 所示。

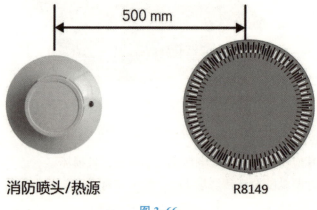

图 3-66

3. 安装件介绍

安装软件介绍如图 3-67 所示。

安装组件 / 安装场景	钣金挂板	盘头螺钉、蝶形螺母、垫圈	L型支架	U型支架×2	(Ø6×30膨胀管、M5×30自攻螺钉)×2	防滑胶垫×2
垂直抱杆安装	✔	✔	✔	✔		✔
可拆卸天花板安装	✔	✔	✔			
水泥天花板安装	✔				✔	
水泥挂墙安装	✔				✔	

图 3-67

4. 安装步骤

安装步骤如图 3-68~ 图 3-78 所示。

垂直抱杆安装

图 3-68

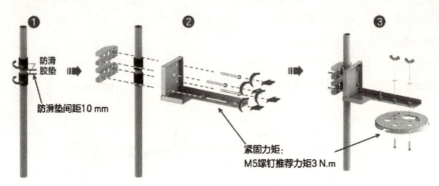

图 3-69

图 3-70

可拆卸天花板安装

图 3-71

描点、打孔（深度>35 mm）、插膨胀管

图 3-71

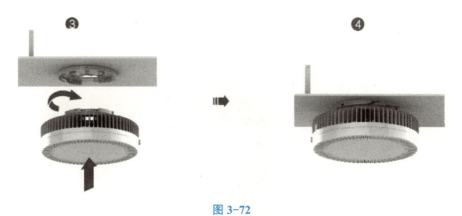

图 3-72

水泥天花板安装

图 3-73

描点、打孔（深度>35 mm）、插膨胀管

图 3-74

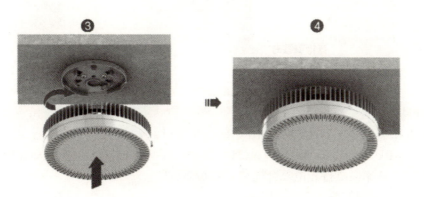

图 3-75

水泥挂墙安装

图 3-76

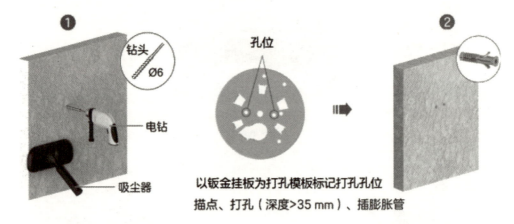

以钣金挂板为打孔模板标记打孔孔位
描点、打孔（深度>35 mm）、插膨胀管

图 3-77

图 3-78

5. 线缆安装

（1）Qcell RRU 拥有 ETH1/PWR 和 Tx/Rx 两个接口。

（2）Qcell RRU 四通道机型，接口是 25 G 速率，仅支持光电复合缆。Qcell RRU 两通道机型，接口是 10 G 速率，支持光电复合缆和 CAT6A 网线。

R8149 连线示意图如图 3-79、图 3-80 所示。

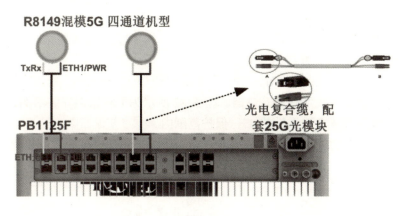

图 3-79

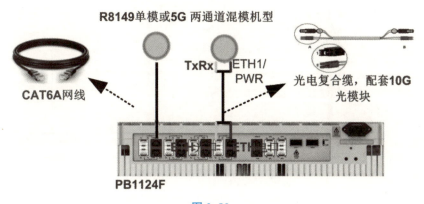

图 3-80

（3）线缆安装要点：

①推荐使用光电复合缆。

②必须使用中兴发货的工业水晶头，必须使用屏蔽网线。

③ETH 的光口和电口绑定一起的，ETH1 和 ETH2 之间不能光电口交叉混用。

④ETH 的光口和电口，数据业务通讯功能互斥，只能用其一。只要插了光模块，那么电口只能当作供电使用，不能再支持数据业务通讯功能。

Qcell 5G 产品，均不支持中继器 PEX。如果使用 CAT6A 网线部署，那么最大拉远距离落地建议是 80m，超过 80m 的使用光电复合缆。

3.4.6　安装 GPS 天线

GPS 系统包括 GPS 天线、馈线、避雷器等，其中 GPS 馈线根据拉远长度，选择对应的 1/4 馈线、1/2 馈线及 7/8 馈线。图 3-81 所示为 GPS 天线安装。

（1）使用 GPS 馈线，连接 GPS 天线和 GPS 避雷器的 IN 接口。

（2）使用 GPS 跳线，连接 GPS 避雷器的 CH1 接口和 BBU 上交换板单板的 GNSS 接口。

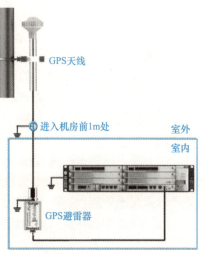

图 3-81　GPS 天线安装

GPS 天线安装注意事项有以下几点。

（1）GPS 天线安装位置仰角需大于等于 120°，天空视野开阔无阻挡，在相同位置用手持 GPS 至少可以锁定 4 颗以上的 GPS 卫星。

（2）多个 GPS 天线一起安装时，GPS 天线的间距要大于 0.5m。禁止在近距离安装多个 GPS 天线，否则会造成天线之间相互遮挡。图 3-82 所示为天线错误安装示例。

（3）GPS 天线应安装在避雷针的 45°保护范围内。

（4）室外的 GPS 馈线应沿抱杆可靠固定，防止线缆被风吹得过度或反复弯折。

抱杆安装 GPS 天线，如图 3-83 所示。

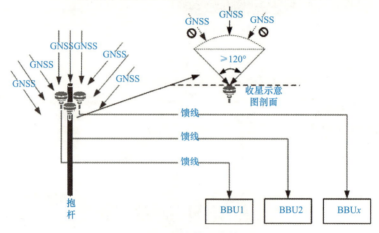

图 3-82　天线错误安装示例

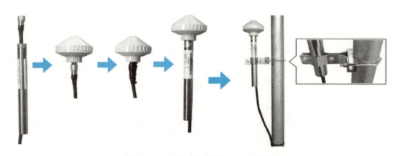

图 3-83　抱杆安装 GPS 天线

安装步骤：

（1）将安装好 N 型接头的 GPS 馈线穿过不锈钢抱杆。

（2）将 N 型接头拧紧到 GPS 天线上。

（3）使用"1 层绝缘胶带＋1 层防水胶带＋1 层防紫外线胶带"的方式，给 N 型接头做防水处理。

（4）将不锈钢抱杆与 GPS 天线拧紧。

（5）通过安装件将 GPS 天线进行抱杆安装，需注意不锈钢抱杆的下管口与 GPS 馈线连接处严禁做防水处理，否则不利于湿气排出。

（6）GPS 馈线在进入室内机房馈线窗之前（进入机房前 1 m 处），使用接地卡一处接地。

注意：GPS 避雷器安装于 BBU 的走线架上时，通过走线架接地，不需要单独接地。如果安装在其他设备，需要保证 GPS 避雷器接地。

3.4.7 安装检查

1. 机柜安装检查

机柜安装检查表如表 3-14 所示。

表 3-14　机柜安装检查表

检查条目	检查说明	是否符合
外观磕碰损伤检查	检查机柜外观是否完好，重点检查机柜底部、上下叠柜缝隙、机柜与底座的缝隙等位置，没有磕碰、划伤、掉漆等现象。如果出现磕碰、划伤和掉漆等现象，应对机柜损伤部位进行补漆修复，防止腐蚀机柜	
机柜安装情况	检查机柜（基带柜、其他辅柜）固定螺栓是否坚固	
	检查机柜水平度、垂直度是否符合要求	
	检查机柜之间的间距、机柜的维护空间是否符合要求	
	检查机柜（基带柜、其他辅柜）是否有晃动情况	
	检查机柜顶罩是否紧固	
	叠柜安装时，是否使用胶粘剂将两个机柜中的缝隙及机柜固定螺丝中的缝隙全部填充	
	检查烟感器的红色外罩是否摘下	
	叠柜安装时，检查是否将保护地线从基带柜连接至射频柜，固定螺栓是否紧固	
	检查机柜内外表面是否洁净。机柜安装后应清洁机柜内外表面	
	检查机柜上下部出线口的推拉盖板是否到位。布放所有线缆后，出线口盖板应向前推到位以防止动物钻入	
机柜与地面绝缘情况	使用万用表检查机柜（基带柜、其他辅柜）与地面之间是否绝缘（漏电流小于 3.5 mA）	

2. 模块安装检查

模块安装检查表如表 3-15 所示。

表 3-15　模块安装检查表

检查条目	检查说明	是否符合
检查电源插箱安装情况	检查电源插箱是否全部安装到位	
检查 BBU 安装情况	检查 BBU 是否安装在有通风口的 2U 空间的槽位上	
	检查 BBU 固定螺栓是否紧固	
	检查黄绿色地线是否与接地点紧固	
	检查 BBU 专用电源线与 BBU 连接是否紧固	
检查 LPU 安装情况	检查 LPU 固定螺栓是否紧固	
	检查黄绿色地线是否与接地点紧固	

3．线缆安装检查

线缆安装检查表如表 3-16 所示。

表 3-16　线缆安装检查表

检查条目	检查说明	是否符合
检查电源线与地线布放情况	检查线缆布放是否平滑，绑扎间距是否符合要求	
	交流供电方式下，检查户外交流线缆与基带柜的电源端子连接关系是否正确，螺钉是否紧固	
	检查电源线缆是否牢固地绑扎在机柜走线槽上	
	检查配电插箱的蓝色线缆与 –48V DC 端子连接是否牢固，红色线缆与配电插箱 GND 端子连接是否牢固	
	检查保护地线与接地排连接是否牢固可靠	
检查射频柜的电池安装与线缆布放	检查线缆布放是否符合要求	
	检查红色电源线与电池正极连接是否紧固，蓝色电源线与电池负极连接是否紧固	
	检查温度监测线缆是否粘贴在电池表面，另一端是否牢固地连接至电源模块的接口	
	如果有加热板，检查加热板安装是否正确，电源线连接是否正确	
检查 SA 线缆安装情况	检查 SA 线缆与 BBU 的 SA 接口连接是否牢固	
	检查 SA 线缆的接地线与 BBU 的接地端子连接是否紧固	
	检查 SA 线缆的另一端与 LPU 模块的 BBU 接口连接是否紧固	
检查天馈机顶跳线布放情况	检查天馈跳线与 ANT 口连接是否紧固	
检查光纤的布放情况	检查光纤布放是否符合要求	
检查监控线缆的布放情况	检查监控线缆与 LPU 模块接口连接是否紧固，另一端与 X22 接口连接是否紧固	
检查传输线缆的布放情况	如果采用 IP 传输，检查 FE 线缆与 LPU 的 ETH_0 端口连接是否牢固可靠，另外一根 FE 线缆的 RJ45 接头与 LPU 的 BBU_A0 端口连接是否牢固可靠，另一端的 RJ45 接头是否连接到交换板单板的 ETH_0 端口上，且连接是否可靠	
检查线路布放规范情况	检查机架内部线缆是否有悬空飞线	
	检查线缆布放路由、捆扎间距是否正确。扎线扣不应有拉尖重叠现象	
	检查线缆表面是否清洁，有无施工记号，护套绝缘层是否破损	

4．其他检查

其他检查表如表 3-17 所示。

表 3-17　其他检查表

检查条目	检查说明	是否符合
检查防静电手环是否安装	检查防静电手环是否安装在机柜右侧孔位中	
检查标签粘贴情况	标签是否采用专用贴纸	
	标签粘贴朝向是否一致。为了方便阅读，标签表示线缆去向的一面应朝上或朝向维护操作面	
	机架行、列的标签内容是否符合工程设计要求。整个机房里设备应规划有序、一致、齐全、不得重复	
	电池柜、电源分配柜中设备电源线断路器是否粘贴工整	
	电池柜、电源分配柜中设备电源线断路器是否用规范标签标明连接去向	
	所有线缆（电源线、地线、传输线、跳线等）两端是否均已粘贴标签（机柜门、侧门板保护接地线无须标签），标签是否书写工整，粘贴位置是否一致。标签应紧贴端头粘贴，距离端头约 200 mm	
	模块上是否粘贴标签或涂写标识。若模块上必须粘贴标签，则应书写、粘贴工整	
检查现场环境	检查机柜内部是否有多余扎带头、线头及其他杂物；机柜前后门、侧门是否洁净。机柜安装完后，应清洁机柜内外表面	
	检查机房内多余的物品是否清理干净，需要放在机房内的物品是否摆放整齐，操作台及活动地板是否干净、整齐	
	检查是否已将走线槽、机柜底部及机柜周围的活动地板下方清理干净，没有留下扎带、线头、干燥剂等施工杂物；所有走线是否整齐	

5. AAU 安装检查

AAU 安装检查表如表 3-18 所示。

表 3-18　AAU 安装检查表

检查条目	检查说明	是否符合
设备安装	设备安装件安装顺序正确、安装固定牢靠，无晃动现象	
	独立抱杆必须配有避雷针，确保设备处于 45°保护范围内，并可靠接地	
线缆安装	电源线及地线鼻柄和裸线需用套管或绝缘胶布包裹，无铜线裸露，铜鼻子型号和线缆直径相符	
	电源极性连接正确，电源线、地线端子压接牢固。铜鼻子在各种接线柱上安装，必须用平垫片、弹簧垫片紧固，用弹簧垫片压平	
	地线、电源线的余长要剪除，不能盘绕。必须采用整段线料且绝缘层无破损现象，不得由两段以上电缆连接而成	
	电源线和信号线、尾纤分类绑扎，分开布放，间距大于 5 cm，无交叠	
	电缆的弯曲半径符合标准要求	
	各种线缆接头连接紧固，无松动现象	
	黑白扎带不可混用，室内采用白色扎带，扎带尾齐根剪断无尖口；室外采用黑色扎带，扎带尾需剪平并预留 2～3 扣（2～3 mm）余量（以防高温天气时退扣）	
	线缆标签齐全，格式正确，朝向一致，若用户有特殊要求，则按用户要求的格式操作（需提供用户要求相关文档证明）	
接地、防水	设备保护地线安装齐全，不得串接。保护地线接地入铜排遵循就近原则	
	保护地线接地端子连接前要进行除锈、除污处理，保证连接可靠	

3.4.8 收尾工作

安装结束后，完成以下收尾工作。

（1）工具整理。将安装用到的工具收回到相应位置。

（2）余料回收。将工程余料回收，并移交给客户。

（3）清理杂物。将安装产生的垃圾清扫干净，保证环境整洁。

（4）完成安装报告。填写安装报告单，并转交给相关负责人。

如果站点处于正常工作状态，通知操作维护人员站点已经安装完成。

 课后复习及难点介绍

5G 基站线缆布放

实训单元：5G 设备安装

实训目的

（1）掌握 5G 通信中无线侧设备的安装和线缆连接。

（2）具备网元功能、硬件配置、线缆选型的能力。

实训内容

（1）BBU、AAU 设备安装。

（2）网元间线缆连接。

实训准备

（1）实训环境准备。

① 硬件：具备登录实训系统的终端。

② 资料：《5G 基站建设与维护》教材、《实训系统指导手册》。

（2）相关知识要点。

① 无线侧网元功能、设备硬件参数。

② 无线侧网元间连接线缆参数。

实训步骤

1. 5G 设备安装

（1）打开实训系统，单击菜单栏中的"设备安装"按钮，单击铁塔图标进入设备安装界面，如图 3-84 所示。

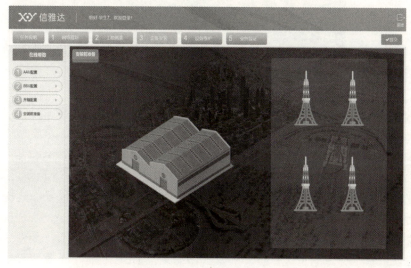

图 3-84　实训系统界面

（2）单击左侧铁塔图标进入 AAU 设备安装界面，如图 3-85 所示。

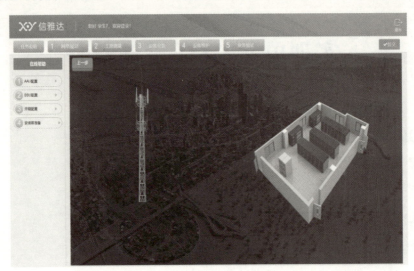

图 3-85　铁塔图标

（3）单击资源池中的 AAU 图标，此时铁塔抱杆显示绿色图标，将 AAU 拖至绿色图标中，完成 AAU 安装，如图 3-86 所示。

图 3-86　铁塔抱杆显示绿色图标

（4）完成 AAU 安装后，单击左上角的"保存"按钮，完成数据保存。

（5）数据提交保存后，单击"上一步"按钮返回设备安装界面，单击机房图标，进入 BBU 机房，如图 3-87 所示。

（6）在机房界面，单击机柜图标进入 BBU 设备安装界面，如图 3-88 所示。

（7）在右侧的设备资源池中选择机柜 PDU 单元，安装至机柜对应位置，选择 BBU 机框，安装至机柜对应位置，如图 3-89 所示。

（8）完成 BBU 机框安装后，双击安装好的机框，进入单板配置界面，如图 3-90 所示。

（9）从右侧的板卡资源池中选择所需的单板，安装至 BBU 机框中正确的槽位。

（10）单板安装完成后，BBU 安装结束。

图 3-87　机房界面

图 3-88　BBU 设备安装界面

图 3-89　安装机柜

图 3-90　单板配置界面

2．5G 设备间线缆连接

（1）双击需要连接线缆的单板，选择线缆，出现接口图标后，拖至对应的端口，即可完成线缆的连接，如图 3-91 所示。

图 3-91　线缆连接

（2）完成本段连接后，返回 AAU 安装界面，双击 AAU 设备，选择线缆，单击出现的接口图标并拖曳至设备对应接口，完成线缆连接，如图 3-92 所示。

（3）完成线缆连接后，单击"保存"按钮完成数据保存。

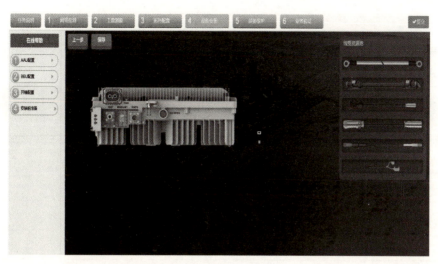

图 3-92　完成线缆连接

评定标准

（1）根据任务描述选择正确的设备进行安装。

（2）设备单板配置槽位正确，且单板数量配置合理。

（3）线缆连接的端口及线缆的选择正确。

实训小结

实训中的问题：_____

_____

_____

问题分析：_____

_____

_____

问题解决方案：_____

_____

_____

结果验证：_____

_____

_____

_____

实训拓展

请接收并完成实训系统中的设备安装任务。

思考与练习

（1）BBU 机框的安装流程是什么？安装工艺要求有哪些？

（2）AAU 电源线缆如何接地？

实训评价

组内互评：＿＿＿＿＿＿＿＿＿＿＿＿＿＿＿＿＿＿＿＿＿＿＿＿＿＿＿＿＿＿＿＿

＿＿＿＿＿＿＿＿＿＿＿＿＿＿＿＿＿＿＿＿＿＿＿＿＿＿＿＿＿＿＿＿＿＿＿＿＿＿＿

＿＿＿＿＿＿＿＿＿＿＿＿＿＿＿＿＿＿＿＿＿＿＿＿＿＿＿＿＿＿＿＿＿＿＿＿＿＿＿

指导讲师评价及鉴定：＿＿＿＿＿＿＿＿＿＿＿＿＿＿＿＿＿＿＿＿＿＿＿＿＿＿

＿＿＿＿＿＿＿＿＿＿＿＿＿＿＿＿＿＿＿＿＿＿＿＿＿＿＿＿＿＿＿＿＿＿＿＿＿＿＿

＿＿＿＿＿＿＿＿＿＿＿＿＿＿＿＿＿＿＿＿＿＿＿＿＿＿＿＿＿＿＿＿＿＿＿＿＿＿＿

 课后习题

1. 请画出 AAU 安装流程图。

2. 请简述天线下倾角的测量方法。

任务 5　线缆布放

课前引导

在图书馆进行查阅资料的时候，通常会使用图书馆内的书籍检索系统查找书籍所在的楼层、类型区域编号、书架编号、书籍编号，这样可以更快、更准确地查询到我们想要的资料存放的位置。在 5G 基站设备安装过程中是否也需要对各设备进行编号呢？（可以从安装的角度、后期维护的角度进行思考）

任务描述

本任务介绍 5G 通信系统中常用的通信线缆分类及不同类别线缆的使用场景，如双绞线、大对数线、同轴电缆、光纤等。此外，还将介绍线缆的布放规范和线缆绑扎要求。最后介绍 5G 基站建设及维护过程中对于标签粘贴的方法和规范。

通过本任务的学习，可以掌握 5G 基站线缆布放遵循的原则和要求，具备将不同类型线缆从机柜穿线孔正确布放的技能，并掌握不同设备和线缆标签的粘贴方法。

任务目标

- 掌握线缆布放的方法。
- 掌握线缆布放的工艺要求。
- 掌握线缆布放的绑扎要求。
- 掌握标签规范。

在网络传输时，首先遇到的就是通信线路和传输问题。网络通信分为有线通信和无线通信两种。有线通信是利用电缆或光缆来充当传输导体，无线通信是利用卫星、微波、红外线来传输。目前，在通信工程布线中使用的传输介质主要有双绞线、大对数线、同轴电缆和光缆等。

3.5.1　线缆分类

1. 双绞线

双绞线（Twisted Pair，TP）是一种综合布线工程中最常用的传输介质，是由两根具有绝缘保护层的铜导线组成的。把两根绝缘的铜导线按一定密度互相绞在一起，每一根导线在传输中辐射出来的电波会被另一根线上发出的电波抵消，有效降低信号干扰的程度。

双绞线是目前通信工程布线中最常用的一种传输线缆。与光缆相比，双绞线在传输距离和数据传输速率等方面均受到一定限制，但价格较为低廉、施工方便。

双绞线有以下几种分类。

1）按结构分

双绞线按结构可分为非屏蔽双绞线（Unshieded Twisted Pair，UTP）和屏蔽双绞线（Shielded Twisted Pair，STP）。屏蔽双绞线根据屏蔽方式的不同，又分为 STP（Shielded Twicted-Pair）和 FTP（Foil Twisted-Pair）两类。STP 是指每条线都有各自屏蔽层的屏蔽双绞线，而 FTP 则是采用整体屏蔽的屏蔽双绞线。屏蔽双绞线电缆的外层由铝箔包裹，以减小辐射，但并不能完全消除辐射。屏蔽双绞线价格相对较高，安装时要比非屏蔽双绞线电缆困难。类似于同轴电缆，它必须配有支持屏蔽功能的特殊连接器和相应的安装技术。但它有较高的传输速率，100 m 内可达到 155 Mbps。非屏蔽双绞线电缆由多对双绞线和一个塑料外皮构成。国际电气工业协会为双绞线电缆定义了 5 种不同的质量级别。

计算机网络中常使用的是第 3 类、第 5 类和超 5 类以及目前的 6 类非屏蔽双绞线电缆。第 3 类双绞线适用于大部分计算机局域网络，而第 5 类和第 6 类双绞线利用增加缠绕密度、高质量绝缘材料，极大地改善了传输介质的性质。

2）按电气性能分

双绞线按电气性能可分为 1 类、2 类、3 类、4 类、5 类、超 5 类、6 类、超 6 类、7 类共 9 种双绞线类型。类型数字越大，版本越新、技术越先进、带宽也越宽，当然价格也越贵。这些不同类型的双绞线标注方法是这样规定的：如果是标准类型则按"cat$x$"方式标注，如常用的 5 类线，则在线的外包皮上标注为"cat5"，注意字母通常是小写，而不是大写。而如果是改进版，就按"xe"进行标注，如超 5 类线就标注为"5e"，同样字母是小写，而不是大写。双绞线技术标准都是由美国通信工业协会（TIA）制定的，其标准是 EIA/TIA-568B，具体如下。

（1）1 类（Category 1）线是 ANSI/EIA/TIA-568A 标准中最原始的非屏蔽双绞铜线电缆，但它开发之初的目的不是用于计算机网络数据通信的，而是用于电话语音通信的。

（2）2 类（Category 2）线是 ANSI/EIA/TIA-568A 和 ISO 2 类 /A 级标准中第一个可用于计算机网络数据传输的非屏蔽双绞线电缆，传输频率为 1 MHz，传输速率达 4 Mbps，主要用于旧的令牌网。

（3）3 类（Category 3）线 是 ANSI/EIA/TIA-568A 和 ISO 3 类 /B 级 标 准 中 专 用 于 l0BASE-T 以太网络的非屏蔽双绞线电缆，传输频率为 16 MHz，传输速率可达 l0 Mbps。

（4）4 类（Category 4）线是 ANSI/EIA/TIA-568A 和 ISO 4 类 /C 级标准中用于令牌环网络的非屏蔽双绞线电缆，传输频率为 20 MHz，传输速率达 16 Mbps。主要用于基于令牌的局域网和 10BASE-T/100BASE-T。

（5）5 类（Category 5）线是 ANSI/EIA/TIA-568A 和 ISO 5 类 /D 级标准中用于运行 CDDI（CDDI 是基于双绞铜线的 FDDI 网络）和快速以太网的非屏蔽双绞线电缆，传输频率为 100 MHz，传输速率达 100 Mbps。

（6）超 5 类（Category Excess 5）线是 ANSI/EIA/TIA-568B.1 和 ISO 5 类 /D 级标准中用于运行快速以太网的非屏蔽双绞线电缆，传输频率也为 100 MHz，传输速率也可达到 100Mbps，其样品及其结构如图 3-93 所示。与 5 类线缆相比，超 5 类在近端串扰、串扰总和、衰减和信噪比 4 个主要指标上都有较大的改进。

（7）6 类（Category 6）线 是 ANSI/EIA/TIA-568B.2 和 ISO 6 类 /E 级标准中规定的一种非屏蔽双绞线电缆，它主要应用于百兆位快速以太网和千兆位以太网中，其样品如图 3-94 所示。因为它的传输频率为 200 ～ 250 MHz，是超 5 类线带宽的两倍，最大速率可达 1000 Mbps，满足千兆位以太网需求。

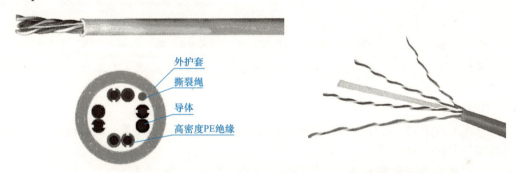

图 3-93　超 5 类线样品及其结构　　　　图 3-94　6 类线样品

（8）超 6 类（Category Excess 6）线是 6 类线的改进版，同样是 ANSI/EIA/TIA-568B.2 和 ISO 6 类 /E 级标准中规定的一种非屏蔽双绞线电缆，主要应用于千兆网络中。在传输频率方面与 6 类线一样，也是 200 ～ 250 MHz，最大传输速率也可达到 1000 Mbps，只是在串扰、衰减和信噪比等方面有较大改善。

（9）7 类（Category 7）线是 ISO 7 类 /F 级标准中最新的一种双绞线，主要为了适应万兆位以太网技术的应用和发展。但它不再是一种非屏蔽双绞线了，而是一种屏蔽双绞线，所以它的传输频率至少可达 500 MHz，是 6 类线和超 6 类线的两倍以上，传输速率可达 10 Gbps。

2．大对数电缆

大对数电缆（Multipairs Cable）即多对数的意思，指很多一对一对的电缆组成一小捆，再由很多小捆组成一大捆（更大对数的电缆则再由一大捆一大捆的电缆组成一根更大的电缆）。

大对数电缆综合了电话线缆和双绞线的特点，从传输介质分有 3 类、5 类的 UTP（非屏蔽）、FTP（屏蔽）等；从应用场所分有室内、室外两种，常用的有 25 对、50 对、100 对。可用于传输语音和数据，由于带宽较低和线对干扰大，一般不用于数据主干。大对数电缆样品及其结构如图 3-95 所示。

25 对大对数电缆的线序如表 3-19 所示。

图 3-95　大对数电缆样品及其结构

表 3-19　25 对大对数电缆的线序

线对编号	1	2	3	4	5	6	7	8	9	10	11	12	13
a 线 b 线	白 蓝	白 橙	白 绿	白 棕	白 灰	红 蓝	红 橙	红 绿	红 棕	红 灰	黑 蓝	黑 橙	黑 绿
线对编号	14	15	16	17	18	19	20	21	22	23	24	25	
a 线 b 线	黑 棕	黑 灰	黄 蓝	黄 橙	黄 绿	黄 棕	黄 灰	紫 蓝	紫 橙	紫 绿	紫 棕	紫 灰	

注：其规律为 白、红、黑、黄、紫 与 蓝、橙、绿、棕、灰 相互交叉组合。

3. 同轴电缆

同轴电缆有两个同心导体，而导体和屏蔽层又共用同一轴心的电缆。同轴电缆可用于模拟信号和数字信号的传输。

同轴电缆可分为两种基本类型，基带同轴电缆和宽带同轴电缆。基带同轴电缆的屏蔽层通常是用铜做成的网状结构，其特征阻抗为 50 Ω，用于传输数字信号。宽带同轴电缆的屏蔽层通常是用铝冲压而成的，其特征阻抗为 75 Ω，通常用于传输模拟信号。

基带电缆又分为细同轴电缆和粗同轴电缆。基带电缆仅用于数字传输，数据速率可达 10 Mbps。其样品如图 3-96 所示。

图 3-96　同轴电缆样品

4. 光纤与光缆

光纤是光导纤维的简称，是一种利用光在玻璃或塑料制成的纤维中的全反射原理而制成的光传导工具。由于光纤通信具有频率带宽大、不受外界电磁干扰、衰减较小、传输距离远等优点，因此目前网络布线工程中垂直干线、建筑群干线的数据通信一般都使用光纤布线。近年来随着技术的发展，光纤到户、光纤到桌面逐渐成了现实。光纤在结构上由两个基本部分组成：由透明的光学材料制成的芯和包层、涂敷层。按光在光纤中传输模式的不同，光纤可分为单模光纤和多模光纤。其原理如图 3-97 所示。

光导纤维电缆由一捆纤维组成，简称为光缆。一根光缆由一根至多根光纤组成，外面再加上保护层，其结构如图 3-98 所示。常用的光缆有 4 芯、6 芯、12 芯等多种规格，且分为室内光缆和室外光缆两种。

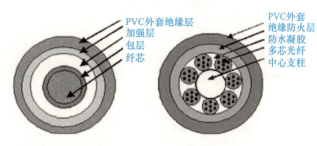

（a）单模光纤　　（b）多模光纤　　　　　　（a）单光芯光缆结构　　（b）多光芯光缆结构

图 3-97　单模光纤和多模光纤的原理　　　　图 3-98　光纤截面结构示意图

5．连接器件

双绞线连接器件主要有配线架、信息插座和跳接线。

1）RJ 连接头

在网络布线中用到的 RJ 连接头（俗称水晶头）有两种，一种是 RJ45，另一种是 RJ11。RJ45 水晶头是使用国际性的接插件标准定义的 8 个位置（8 针）的模块化插孔或插头。RJ11 水晶头是一种非标信的接插件，一般人们使用 4 针的版本，用于语音链路的连接。

RJ45 水晶头一般有 5 类、超 5 类、6 类和 7 类之分，每种水晶头都有非屏蔽和屏蔽两种型号。在网络布线中常用的水晶头如图 3-99 所示。

2）信息模块

信息模块用于端接水平电缆和插接 RJ 连接头。根据应用的不同，信息模块一般分为 2 对（4 芯）的 RJ11 语音模块和 4 对（8 芯）的 RJ45 数据模块。信息模块和 RJ45 连接头一样，也分 5 类、超 5 类、6 类等几个规格，并有屏蔽和非屏蔽之分。因此，在工程实际中选择信息模块时，要选择和 RJ45 连接头相同的规格。常见的信息模块如图 3-100 所示。

（a）RJ45超5类非屏蔽　（b）RJ45 6类非屏蔽

（c）RJ45 6类屏蔽　　（d）RJ11非屏蔽

图 3-99　常用的水晶头　　　　　　　图 3-100　常见的信息模块

3）面板与底盒

信息模块通过底盒和面板安装在墙面上或地面上。常用面板分为单口面板和双口面板，面板外形尺寸一般有国标 86 型和 120 型。在物联网工程布线中，还用一种 118 型面板。

底盒是与面板相配套的连接件，一般分为明装底盒和暗装底盒。

目前工程中常用的面板和底盒如图 3-101 所示。

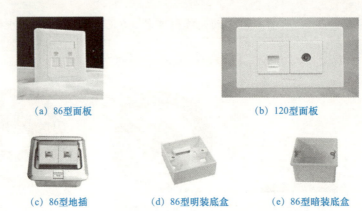

(a) 86型面板　　　　　　　　　　(b) 120型面板

(c) 86型地插　　　　(d) 86型明装底盒　　　　(e) 86型暗装底盒

图 3-101　工程中常用的面板和底盒

4）配线架

配线架是电缆进行端接和连接的装置。根据数据通信和语音通信的区别，配线架一般分为数据配线架和语音配线架。

双绞线配线架的作用是在管理子系统中将双绞线进行交叉连接，用在主配线间和各分配线间。110 语音配线架主要用于配线间和设备间的语音线缆的端接、安装和管理。图 3-102 所示为常见的配线架。

5）光纤连接器件

一条完整的光纤链路，除了光纤，还需要各种不同的连接器件，主要有光纤配线架、光纤配线盒、光纤连接器、光纤适配器（耦合器）、光纤跳线、光纤模块和光纤面板等。图 3-103 所示为常见的光纤连接器件。

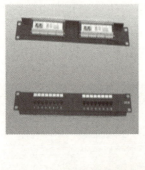

图 3-102　常见的配线架

光纤配线架　　　　　　　　　　　　　　光纤配线盒

FC/PC　　　　　　SC/PC　　　　　　ST/PC　　　　　　FC/APC

图 3-103　常见的光纤连接器件

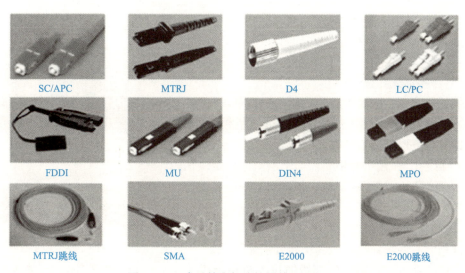

SC/APC	MTRJ	D4	LC/PC
FDDI	MU	DIN4	MPO
MTRJ跳线	SMA	E2000	E2000跳线

图 3-103　常见的光纤连接器件（续）

▶ 任务实施

3.5.2　机柜线缆布放的方法

（1）叠柜外部线缆：叠柜时，基带机柜外部线缆沿射频柜走线槽，通过基带柜两侧防水模块进入机柜，如图 3-104 所示。

（2）基带＋电池叠柜柜间线缆：叠柜的柜间线缆是基带机柜和电池机柜之间连接的线缆。柜间线缆包括电池柜接地线缆、电池柜直流输入线缆、SFP 线缆。

柜间线缆通过基带柜和电池柜中间的穿线孔连接到对应的接口上，如图 3-105 所示。

（3）基带＋基带叠柜柜间线缆：叠柜的柜间线缆是基带机柜和基带机柜之间连接的线缆。柜间线缆包括基带柜接地线缆、基带柜直流输入线缆、SFP 线缆。

柜间线缆通过基带柜和基带柜中间的穿线孔连接到对应的接口上，如图 3-106 所示。

图 3-104　机柜外部线缆
走线示意图

图 3-105　基带＋电池叠柜柜
间线缆走线示意图

图 3-106　基带＋基带叠柜柜
间线缆走线示意图

3.5.3　穿线孔说明

1. 基带柜穿线孔说明

基带柜共有 3 组穿线孔,其功能分别如下。

(1) 穿线孔 1、2:用于外部线缆进入机柜或作为上层叠柜时,下层基带柜走线孔。

(2) 穿线孔 3:用于叠柜时,与下层电池柜走线孔。

(3) 穿线孔 4:用于叠柜时,与下层基带柜走线孔。

基带柜叠柜安装时穿线孔如图 3-107 所示。

2. 电池柜穿线孔说明

电池柜共有两组穿线孔,其功能分别如下。

(1) 穿线孔 1、2:用于外部线缆进入机柜走线孔。

(2) 穿线孔 3:用于叠柜时,与上层基带柜走线孔。

电池柜穿线孔如图 3-108 所示。

电池柜走线槽说明如下。

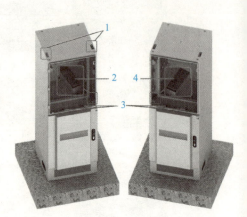

图 3-107　基带柜穿线孔示意图

1—右侧穿线孔;2—左侧穿线孔;

3—前部穿线孔;4—顶部穿线孔

(1) 为了方便电池机柜与基带柜进行叠柜时走线,分别设计了两个穿线孔和两个走线槽。

(2) 两个走线槽位于电池机柜左右两侧,与外环境相通,提供基带柜走线需要。两个穿线孔位于机柜顶部前端位置,用于两机柜之间的走线要求。

① 左右两侧的走线槽在布放线缆时需要用机柜自带的梅花形内六角防盗扳手拆除走线槽盖板上的螺丝,将走线槽盖打开,待所有线缆布放完成后再将盖板关闭。图 3-109 所示为电池柜走线槽盖板。

② 前端两个走线孔在叠柜安装情况下,也需要先拆除原防水板,安装好过线罩后再进行叠柜安装。

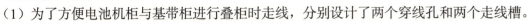

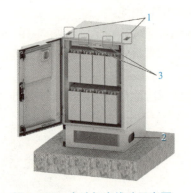

图 3-108　电池柜穿线孔示意图

图 3-109　电池柜走线槽盖板

3.5.4　线缆布放工艺要求

(1) 电源线和保护地线布放前,用绝缘胶带包好线缆接头。

(2) 电源线和保护地线布放时,应同信号线分开布放。

(3) 在走线架内并行布放时,信号线缆、直流电源线、交流电源线、馈线应分开走线,保持 100 mm 以上的距离。

（4）若信号线和电源线缆需要交叉，则交叉角度必须为 90°。

（5）线缆转弯处要有弧度，弯曲半径满足线缆的最小弯曲半径要求（不小于线缆外径的 20 倍）。

（6）电源线连接至机柜内配电盒的接线端子时，走线应平直，弧度应圆滑。

（7）线缆的实际安装位置需要满足工勘要求并和数据配置保持一致。

（8）线缆的布放路径清晰、合理，转弯均匀圆滑，符合施工图的规定。

（9）信号线排列整齐，顺畅无交叉，层次分明，走线平滑。

（10）线缆的布放应便于维护和将来扩容。

3.5.5 线缆绑扎工艺要求

（1）扎带绑扎应整齐美观，线扣间距均匀，松紧适度，朝向一致。

（2）多余扎带应剪除，扎带必须齐根剪平，不留尖。

（3）电源线和保护地线绑扎时，应同信号线分开绑扎。

（4）机柜内线缆应绑扎在束线圈上。

（5）在走线架上布放线缆时必须绑扎，绑扎后的线缆应互相紧密靠拢，外观平直整齐。

（6）各插头都要留有适量的拔插余量。

3.5.6 线缆标签规范

标签分为室外标签和室内标签两类。

（1）室外标签：挂牌标签，出厂时随设备配置。

（2）室内标签：粘贴式的纸质打印标签，需要根据现场实际情况制作和打印。

使用纸质标签和挂牌标签必须符合以下规定。

① 纸质标签必须采用专用贴纸。

② 机架行、列标签内容符合工程设计要求，整个机房里的设备规划有序、一致、齐全、不得重复。

③ 单板上不得粘贴标签或涂写标识。

④ 标签粘贴朝向一致，表示线缆去向的一面朝上或朝向维护操作面，方便阅读。

⑤ 所有线缆（电源线、地线、传输线、馈线等）两端均要粘贴标签或挂牌。

⑥ 纸质标签紧贴光纤、网线、中继线两端粘贴，各距离端头 20 mm。要求纸质标签粘贴高度一致、标签方向一致。

⑦ 纸质标签紧贴电源线、地线两端粘贴，各距离端头 200 mm。要求纸质标签粘贴高度一致、标签方向一致。

⑧ 使用挂牌标签线缆的标识牌使用线扣绑扎，各距离端头 200 mm。要求线扣绑扎高度一致、标识牌方向一致。

3.5.7 刀型标签的粘贴方法

线缆两端均需要粘贴标签，标签在线缆上粘贴后长条形文字区域一律朝向右侧或下侧，即当线缆垂直布放时，标签朝向右；当线缆水平布放时，标签朝向下。刀型标签粘贴示意图如图3-110 所示。

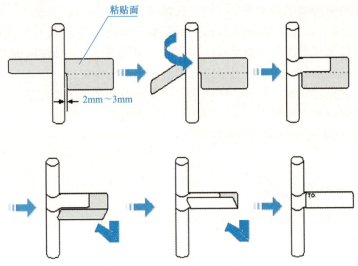

图 3-110　刀型标签粘贴示意图

3.5.8　标签的粘贴示例

（1）图 3-111 所示为机房标签的粘贴示例。

（2）图 3-112 所示为直流电源线标签的粘贴示例。

图 3-111　机房标签的粘贴示例

图 3-112　直流电源线标签的粘贴示例

（3）图 3-113 所示为尾纤跳线标签的粘贴示例。

（4）图 3-114 所示为机房接地排标签的粘贴示例。

图 3-113　尾纤跳线标签的粘贴示例

图 3-114　机房接地排标签的粘贴示例

（5）图 3-115 所示为机房 ODF 线缆标签的粘贴示例。

（6）图 3-116 所示为 DDF 2M 信号线标签的粘贴示例。

图 3-115　机房 ODF 线缆标签的粘贴示例

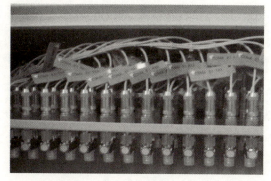
图 3-116　DDF 2M 信号线标签的粘贴示例

（7）图 3-117 所示为室外馈线标签的粘贴示例。

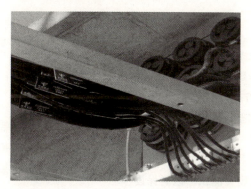
图 3-117　室外馈线标签的粘贴示例

课后习题

1. 线缆转弯处要有弧度，弯曲半径要求不小于线缆外径的（　　）倍。

A. 10　　　　　B. 20　　　　　C. 30　　　　　D. 40

2. 若信号线和电源线需要交叉时，则交叉角度必须为（　　）。

A. 45°　　　　　B. 90°　　　　　C. 30°　　　　　D. 60°

3. 简述通信中使用光纤的优点。

项目 4

5G 基站硬件测试

项目概述

近些年，中国凭借一系列大规模基础建设和超级工程，被冠以"基建狂魔"的称号。而在移动通信领域，我们的 5G 网络基础设施也是在全球遥遥领先，而这些过硬的基础设施的建设，需要在建设过程保持严谨、细致的工作态度，保证每个技术细节符合要求。硬件安装后，需要对 5G 基站进行硬件测试，以确保设备硬件功能正常。本项目介绍 5G 基站硬件测试的步骤和方法。通过本项目的学习，将使学员具备 5G 基站硬件测试的工作技能。

项目目标

- 能够完成 5G 基站加电。
- 能够测试 5G 基站硬件功能。
- 能够更换 5G 基站部件。

知识地图

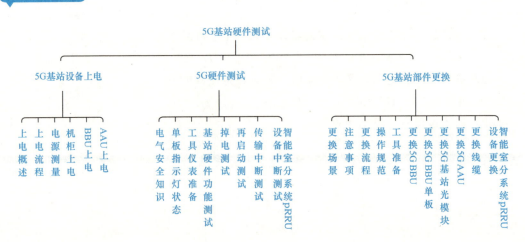

任务 1　5G 基站设备上电

课前引导

　　请大家回忆打开 / 关闭台式计算机的正确操作流程。请大家思考：当把 5G 设备安装完成后，同样需要对 5G 基站设备进行上电，那么你认为 5G 基站设备上电流程是怎样的？

任务描述

　　本任务主要介绍 5G 设备安装或维护完成后的上电流程，主要包括机柜上电、BBU 上电、AAU 上电。

　　通过对本任务的学习，掌握对 5G BBU、AAU 的测量方法；掌握 5G 机柜上电、BBU 上电和 AAU 上电过程中的注意事项及上电前需满足的前提条件，正确地完成 5G 设备的上电，并对故障问题能进行一般性分析和处理，并且掌握万用表的使用方法。

任务目标

- 掌握设备电源的测量方法。
- 能够完成机柜上电。
- 能够完成 BBU 上电。
- 能够完成 AAU 上电。

4.1.1　上电概述

当硬件设备完成安装后，需要对 5G 基站进行硬件测试，以确保硬件设备功能正常。而测试的第一步就是上电，只有通过正确的上电，设备才能正常运行。

4.1.2　上电流程

设备上电流程如图 4-1 所示。

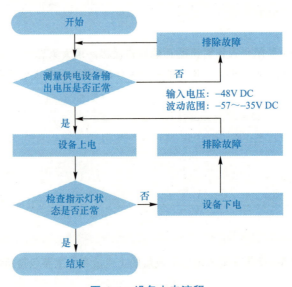

图 4-1　设备上电流程

任务实施

4.1.3　电源测量

1. 预置条件

（1）电源工作正常，5G 基站和电源正常连接，电源上电。

（2）BBU、单板、AAU 全部正常上电。

2. BBU 测量

1）测量步骤

（1）关闭机架电源开关，再拔出电源模块插座。

（2）打开机架电源开关。

（3）用数字万用表测量供电电源接线端子的输入电压，并记录。

（4）测试完毕关闭机架电源开关，并插入电源模块插座。

2）合格标准

（1）电源工作稳定，用数字万用表测量的值在以下范围内。

① 直流电源输入：-48V DC（允许波动范围：-57 ～ -40V DC）。

② 交流电源输入：220V AC（允许波动范围：130 ～ 300V AC，45 ～ 65Hz）。

（2）风扇正常转动。

3．AAU 测量

（1）测量步骤。用数字万用表测量供电电源接线端子的输入电压。

（2）合格标准。电源工作稳定，用数字万用表测量的值在以下范围内：直流电源输入：-48V DC（允许波动范围：-57 ～ -37V DC）。

4.1.4　机柜上电

5G 基站机柜通过内嵌式电源单元输出交流电源或直流电源，向各插箱分配电源。

1．预置条件

（1）机柜与供电电源的电源线和地线已经安装就绪。

（2）机柜内部的电源线和地线已经安装就绪。

（3）机柜内的插箱及模块已经安装就绪。

（4）检查所需工具（万用表）已经准备就绪。

2．上电步骤

（1）正确佩戴防静电手环，并将防静电手环可靠接地（机柜上的防静电插孔）。

（2）将配电插箱的所有电源开关设置为"OFF"状态。

（3）将万用表拨至电阻挡，并用万用表测量机柜配电插箱电源输入端子，确认电源未出现短路故障。

（4）将万用表拨至电压挡，并用万用表测量直流电源输出端，确认输出电压为额定电压。

（5）将风扇插箱的电源开关置为"ON"状态，确认风扇正常转动。

（6）将电源插箱的电源开关置为"ON"状态，观察面板指示灯，确认电源模块运行正常。

（7）以一个插框为单位（BBU），将其在配电插箱上对应的电源开关置为"ON"状态，观察面板指示灯，确认插框电源运行正常。

（8）若某模块无反应（相应指示灯异常），则可能是插箱电源线、模块槽位或模块本身有问题。如果电源线无问题且更换正常模块后，模块指示灯仍未亮，需要联系设备商进行处理。

（9）重复第（7）（8）步，完成所有插箱及模块的上电检查。

4.1.5　BBU 上电

本节主要介绍配电单元到 BBU 设备的上电操作。

1．前提条件

（1）供电电压符合 BBU 的要求。

（2）BBU 机箱的电源线缆和接地线缆连接正确。

（3）BBU 机箱的供电电源断开。

2．上电步骤

（1）从 BBU 电源模块卸下电源线。

（2）开启输入到 BBU 的配电单元电源开关，用万用表测量电源线的输出电压，判断电压情况：

①　若测出电压为 –57 ～ –40V DC，则表示电压正常，可以继续下一步。

②　若测出电压大于 0V DC，则表示电源接反，需重新安装电源线后再测试。

③　若测出其他情况，则表示输入电压异常，排查配电单元和电源线的故障。

（3）关闭输入到 BBU 的配电单元电源开关。

（4）电源线插到 BBU 电源模块单板上。

（5）开启输入到 BBU 的配电单元电源开关，查看 BBU 电源模块指示灯的显示情况。如果电源模块单板工作指示灯常亮，告警指示灯常灭，BBU 上电完成。上电时如果出现异常，应立即断开电源，检查异常原因。

4.1.6　AAU 上电

本节主要介绍配电单元到 AAU 设备的上电操作。

1．前提条件

（1）供电电压符合 AAU 的要求。

（2）AAU 机箱的电源线缆和接地线缆连接正确。

（3）AAU 机箱的供电电源断开。

2．上电步骤

（1）将供电设备连接到 AAU 接线盒或防雷箱的空气开关闭合。

（2）通过指示灯状态判断 AAU 上电完成。

 课后复习及难点介绍

5G 基站设备
加电

实训单元：5G 机柜电阻测试

实训目的

（1）掌握 5G 机柜电阻测试的流程。

（2）掌握 5G 机柜电阻测试的验收要求。

实训内容

（1）5G 机柜电阻测试的流程。

（2）5G 机柜电阻测试的验收标准。

实训准备

（1）实训环境准备。

环境：5G 机柜与供电电源的电源线和地线已经安装就绪，机柜内部的电源线和地线已经安装就绪；机柜内的插箱及模块已经安装就绪。

资料：《5G 基站建设与维护》教材。

（2）相关知识要点。5G 机柜电阻测试的流程及验收标准。

实训步骤

（1）连接表笔，红色表笔插入 VΩ 挡，黑色表笔插在 COM 端，确保万用表正常，如图 4-2 所示。

（2）旋转万用表挡位，测量电阻就要使用电阻挡，如图 4-3 所示，如果不确定电阻值为多少，那么可以旋转到预估值的挡位，如 2 kΩ 挡。

图 4-2　连接表笔

图 4-3　调整挡位

（3）连接电阻器的两端，如图4-4所示，表笔随便接，没有正负之分，但一定要确保接触良好；在5G机柜测试电阻时，表笔接触机柜接地点或裸金属进行测试（切勿接触机柜漆面）。

（4）读出万用表显示的数据，如图4-5所示，若万用表上没有出现数据，则检查万用表与测试物体是否接触良好；若没有，则更换量程。

（5）读出万用表显示的数据，如图4-6所示，如果万用表没有数据出现，可能是电阻器坏了。当然，还有一种可能就是量程不够，需要更换量程。

图4-4　连接电阻器

图4-5　万用表无数据显示

图4-6　万用表显示数据

注意：量程的选择和转换。量程选小了，显示屏会显示"1"，此时应换用较之大的量程；反之，如果量程选大了，显示屏上会显示一个接近于"0"的数，此时应换用较之小的量程。

评定标准

（1）根据任务描述完成5G机柜电阻的测试操作。
（2）根据任务描述完成5G机柜电阻的测试验收。

实训小结

实训中的问题：＿＿＿＿＿＿＿＿＿＿＿＿＿＿＿＿＿＿＿＿＿＿＿＿
＿＿＿＿＿＿＿＿＿＿＿＿＿＿＿＿＿＿＿＿＿＿＿＿＿＿＿＿＿＿＿
＿＿＿＿＿＿＿＿＿＿＿＿＿＿＿＿＿＿＿＿＿＿＿＿＿＿＿＿＿＿＿

　　问题分析：＿＿＿＿＿＿＿＿＿＿＿＿＿＿＿＿＿＿＿＿＿＿＿＿
＿＿＿＿＿＿＿＿＿＿＿＿＿＿＿＿＿＿＿＿＿＿＿＿＿＿＿＿＿＿＿
＿＿＿＿＿＿＿＿＿＿＿＿＿＿＿＿＿＿＿＿＿＿＿＿＿＿＿＿＿＿＿

　　问题解决方案：＿＿＿＿＿＿＿＿＿＿＿＿＿＿＿＿＿＿＿＿＿＿
＿＿＿＿＿＿＿＿＿＿＿＿＿＿＿＿＿＿＿＿＿＿＿＿＿＿＿＿＿＿＿
＿＿＿＿＿＿＿＿＿＿＿＿＿＿＿＿＿＿＿＿＿＿＿＿＿＿＿＿＿＿＿

　　结果验证：＿＿＿＿＿＿＿＿＿＿＿＿＿＿＿＿＿＿＿＿＿＿＿＿
＿＿＿＿＿＿＿＿＿＿＿＿＿＿＿＿＿＿＿＿＿＿＿＿＿＿＿＿＿＿＿
＿＿＿＿＿＿＿＿＿＿＿＿＿＿＿＿＿＿＿＿＿＿＿＿＿＿＿＿＿＿＿

实训拓展

请接收并完成实训系统中的设备上电任务。

思考与练习

（1）5G 机柜电阻测试的操作流程是什么？

（2）5G 机柜电阻测试的验收标准是什么？

实训评价

组内互评：_____

_____

_____

指导讲师评价及鉴定：_____

_____

_____

课后习题

1. 简述 BBU 上电的前提条件。

2. 简述 AAU 上电的前提条件。

任务 2 5G 硬件测试

课前引导

计算机出现故障时，会有相应的提示音进行提示和警告，例如，当计算机开机时出现一长两短的声音，表示故障原因可能是显卡松动或显卡错误（或损坏），需要进行处理才能保障计算机的正常运行。那么在 5G 基站设备中也有相应的指示灯用于对 5G 基站设备运行状态的监控。请大家思考，会有哪些类型的指示灯？

任务描述

本任务介绍在基站安装上电后对基站进行硬件测试，主要包括 BBU 硬件测试、AAU 硬件测试、掉电测试、再启动测试和传输中断测试。通过以上测试项验证基站各设备工作状态是否正常，验证各硬件的性能是否符合要求。

通过本任务的学习，可以了解常见的电气安全知识和测试工具，掌握 BBU 和 AAU 硬件测试的前提准备条件、测试流程及验收标准，对在测试过程中出现的异常现象，能够有一般性的分析和处理能力。

任务目标

- 能够完成基站硬件功能测试。
- 能够完成掉电和再启动测试。
- 能够完成传输中断测试。
- 能够完成智能室分系统 pRRU 设备中断测试

知识准备

4.2.1　电气安全知识

1. 高压交流电

（1）高压危险，直接接触或通过潮湿物体间接接触高压、市电，会带来致命危险。进行高压、交流电操作时，必须使用专用工具，不得使用普通工具。

（2）交流电源设备的操作必须遵守所在地的安全规范。

（3）进行交流电设备操作的人员，必须具有高压、交流电等作业资格。

（4）操作时严禁佩戴手表、手链、手镯、戒指等易导电物体。

（5）在潮湿环境下操作维护时，应防止水分进入设备。

2. 电源线

（1）在进行电源线的安装、拆除操作之前，必须关掉电源开关。

（2）在连接电缆之前，必须确认连接电缆、电缆标签与实际安装情况相符。

3. 雷电

（1）严禁在雷雨天气下进行高压、交流电操作及铁塔、桅杆作业。

（2）在雷雨天气下，大气中会产生强电磁场。因此，为避免雷电击损设备，应及时做好设备的防雷接地工作。

4. 静电

（1）因人体活动引起的摩擦是产生静电荷积累的根源。在干燥的气候环境中，人体所带的静电电压最高可达 30kV，并较长时间地保存在人体上，当带静电的操作者与器件接触时，会通过器件放电，造成器件损坏。

（2）在接触设备、手拿插板、电路板、IC 芯片等之前，为防止人体静电损坏敏感元器件，必须佩戴防静电手环，并将防静电手环的另一端良好接地。

（3）在防静电手环与接地点之间的连线上，必须串接大于 1MΩ 的电阻以保护人员免受意外电击的危险。大于 1MΩ 的阻值对静电电压的放电可以起到足够的保护。

（4）使用的防静电手环应进行定期检查，严禁采用其他电缆替换防静电手环上的电缆。

（5）静电敏感的单板不应与带静电的或易产生静电的物体接触。例如，用绝缘材料制作的包装袋、传递盒和传送带等摩擦，会使器件本身带静电，它与人体接触时发生静电放电而损坏器件。

（6）静电敏感的单板只能与优质放电材料接触，如防静电包装袋。 板件在库存和运输过程中需使用防静电袋。

（7）测量设备连接单板之前，应释放本身的静电，即测量设备应先接地。

（8）单板不能放在强直流磁场附近，如显示器阴极射线管附近，安全距离至少为 10 cm。

5. 单板插拔

为避免不必要的人为损坏模块，维护人员须尽量避免对模块带电插拔，必须插拔的，在插拔过程中要佩戴防静电手环。

4.2.2　单板指示灯状态

交换板指示灯状态、基带板指示灯状态、风扇模块指示灯状态、电源模块指示灯状态及其说明如表 4-1～表 4-4 所示。

表 4-1　交换板指示灯状态

指示灯名称	信号描述	指示灯颜色	状态说明	
RUN	运行指示灯	绿色	常亮：加载运行版本 慢闪：单板运行正常 快闪：外部通信异常 灭：无电源输入	
ALM	告警指示灯	红色	亮：硬件故障 灭：无硬件故障	
REF	时钟锁定指示灯	绿色	常亮：参考源异常 慢闪：0.3 s 亮，0.3 s 灭，天馈工作正常 常灭：参考源未配置	
ms	NTF 自检触发指示灯	绿色	快闪：系统自检 慢闪：系统自检完成，重新按 M/S 按钮，恢复正常工作	
	主备状态指示灯	绿色	常亮：激活状态 常灭：备用状态	
	USB 开站状态指示灯	绿色	慢闪 7 次：检测到 USB 插入 快闪：USB 读取数据中 慢闪：USB 读取数据完成 常灭：USB 校验不通过	
ETH1 ～ ETH2	以太网光口指示灯	红 / 绿双色	绿	高层链路状态指示 常亮：链路正常 慢闪：链路正常并且有数据收发
			红	底层物理链路指示 常亮：光模块故障 慢闪：光模块接收无光 快闪：光模块有光但链路异常
			灭	常灭：无链路 / 光模块不在位 / 未配置
ETH3 ～ ETH4 （只在站间协同时启用）	以太网光口指示灯	红 / 绿双色	绿色	常亮：链路正常 慢闪：端口 Link 正常有数据收发
			红色	常亮：光模块故障 慢闪：光模块接收无光 快闪：每个通道都有光，但是有一 linkDown
			常灭	光模块不在位或未配置
ETH5	以太网电口指示灯	绿色	左	链路状态指示 常亮：端口底层链路正常 常灭：端口底层链路断开
			右	数据状态指示 常灭：无数据收发 闪：有数据传输
DBG/LMT	调试接口指示灯	绿色	左	链路状态指示 常亮：端口底层链路正常 常灭：端口底层链路断开
			右	数据状态指示 常灭：无数据收发 闪：有数据传输

表 4-2　基带板指示灯状态

指示灯名称	信号描述	指示灯颜色	状态说明	
RUN	运行指示灯	绿色	常亮：加载运行版本 慢闪：单板运行正常 快闪：外部通信异常 常灭：无电源输入	
ALM	告警指示灯	红色	亮：硬件故障 灭：无硬件故障	
OF1 ～ OF6	光口指示灯	红 / 绿双色	绿色	高层链路状态指示 闪：链路正常 灭：光模块不在位或未配置
			红色	底层物理链路指示 常亮：光模块故障 慢闪：光模块接收无光 快闪：光模块有光但帧失锁 常灭：光模块不在位或未配置

表 4-3　风扇模块指示灯状态

指示灯名称	指示灯颜色	信号描述	状态说明
RUN	绿色	-48V 电源模块状态指示灯	常亮：加载运行版本 慢闪：单板运行正常 快闪：外部通信异常 灭：无电源输入
ALM	红色	-48V 电源模块告警灯	亮：硬件故障 灭：无硬件故障

表 4-4　电源模块指示灯状态

指示灯名称	指示灯颜色	信号描述	状态说明
PWR	绿色	运行指示灯	常亮：电源正常工作 灭：无电源接入
ALM	红色	告警灯	灭：无故障 常亮：输入过压、输入欠压

▷ 任务实施

4.2.3　工具仪表准备

工具：

（1）十字螺丝刀（4″、6″、8″ 各一个）。

（2）一字螺丝刀（4″、6″、8″ 各一个）。

（3）活动扳手（6″、8″、10″、12″ 各一个）。

（4）套筒扳手一套。

（5）防静电手环。

（6）老虎钳一把（8″）。

（7）绳子。

（8）梯子。

仪器仪表：万用表一个。

4.2.4　基站硬件功能测试

1．BBU 硬件测试

1）预置条件

（1）基站各单板指示灯状态正常，网管可正常接入。

（2）选择在刚开通时或者话务偏低的时段测试。

（3）测试过程中插拔单板时佩戴防静电手环。

2）测试步骤

（1）检查 BBU 机架的单板是否齐备，是否符合规划的要求。

（2）检查各单板槽位是否插得正确。

（3）上电启动正常后，检查 BBU 机架上各单板的指示灯状态是否正常，指示灯状态请参见 4.2.2 节"单板指示灯状态"相关内容。

3）测试标准

（1）BBU 机架的单板配置齐备，符合要求。

（2）各单板的槽位正确，符合规划要求，且固定到位。

（3）上电启动完成后，各单板的指示灯状态正常。

4）测试说明

（1）需要检查的单板包括交换板和基带板。

（2）上电等待一段时间后，可通过指示灯来查看单板是否启动正常。

2．AAU 硬件测试

1）预置条件

（1）基站 BBU 各单板指示灯状态正常，网管可正常接入。

（2）BBU–AAU 接口光纤通信正常。

（3）BBU 和 AAU 已经完成数据配置。

（4）选择在刚开通时或者话务偏低的时段测试。

2）测试步骤

（1）检查 AAU 与基带板光口的连接关系是否正确。

（2）AAU 上电启动后，在 LMT 或网管上查看 AAU 是否进入工作状态。

3）验收标准

（1）AAU 与基带板光口的连接关系，与实际拓扑配置是否相符且收发连接正确。

（2）上电启动正常后，能够通过 LMT 或网管确认 AAU 是否处于正常工作状态且无告警。

4）测试说明

上电等待一段时间后，可通过 LMT 或网管查询获取 AAU 工作状态。

4.2.5　掉电测试

1．预置条件

（1）基站各单板指示灯状态正常。

（2）网管已经正确安装并能正常连接基站。

（3）下电前，在该 5G 基站下终端可以正常接入。

（4）选择刚开通时或者话务偏低的时段进行测试。

2．测试步骤

（1）关电前后检查电源指示灯亮灯情况。

（2）手动对基站系统进行下电操作。

（3）1 min 后，给基站上电，等待设备运行正常后发起业务测试。

（4）检查各单板指示灯状态是否正常。

3．验收标准

（1）下电后，业务挂断，资源正常释放，各指示灯常灭。

（2）重新上电后，基站与网管通信恢复正常，可远程控制基站。

（3）上电等待一段时间后，各单板正常启动，各单板指示灯状态正常，可以接入并进行业务测试。

4．测试说明

（1）需要检查的单板包括交换板和基带板。

（2）上电等待一段时间后，可通过指示灯来查看单板是否启动正常。

4.2.6　再启动测试

1．预置条件

（1）基站各单板指示灯状态正常。

（2）网管已经正确安装并能正常连接基站。

（3）下电前，在该 5G 基站下终端可以正常接入。

（4）选择刚开通时或者话务偏低的时段进行测试。

2．测试步骤

触发条件 1：拔插任意基站单板，等单板启动正常后，重新接入业务。

触发条件 2：插入任意基站单板，等单板启动正常后，重新接入业务。

触发条件 3：通过网管复位任意单板，等各单板启动正常后，重新接入业务。

3．验收标准：

（1）各单板启动正常后，可重新接入并进行 ping 业务。

（2）单板面板指示灯显示正常。

测试说明：对下一块单板进行再启动测试，必须在前一次测试重新接入业务以后进行。

4.2.7　传输中断测试

1．预置条件：

（1）基站各单板指示灯状态正常。

（2）基站传输正常，到网管链路、核心网链路正常。

（3）业务正常。

2．测试过程

（1）断开该基站的光口传输（可通过拔出交换板上的 ETH1/ETH2 口传输光纤触发），观察传输接口指示灯状态。

（2）恢复传输，等待一段时间后，观察交换板上的指示灯状态。

（3）发起业务测试。

3．验收标准

（1）传输断开时，传输接口指示灯灭。

（2）传输恢复 2 min 后，传输接口指示灯正常。

（3）传输恢复 2 min 后，可以成功进行业务拨打。

4．测试说明

本测试项对配置光口传输的环境适用。

4.2.8　智能室分系统 pRRU 设备中断测试

预置条件：

（1）智能室分 Qcell 基站各单板指示灯状态正常；

（2）智能 Qcell 站点传输正常，到网管链路、核心网链路正常；室内线缆布放完毕。

（3）业务正常。

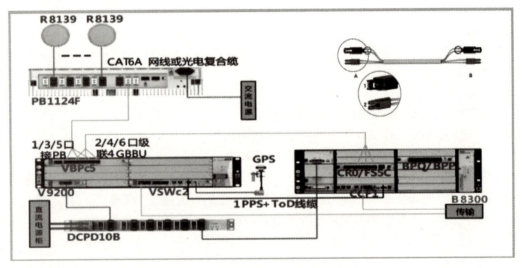

图 4-7　Qcell 5G 分框混模站点拓扑示例

测试过程：

（1）断开某个 pRRU 的光电复合缆传输，观察传输接口指示灯状态。

（2）恢复传输，等待一段时间后，观察交换板上的指示灯状态。

（3）发起业务测试。

验收标准：

（1）传输断开时，传输接口指示灯灭。

（2）传输恢复 2 分钟后，传输接口指示灯正常。

（3）传输恢复 2 分钟后，可以成功进行业务拨打。

测试说明：

（1）本测试项对智能室内 pRRU 的光电复合缆传输环境适用。

课后复习及难点介绍

5G 基站硬件
测试

课后习题

1. 简述掉电测试的步骤。
2. 简述传输中断测试的验收标准。

任务 3　5G 基站部件更换

课前引导

在 5G 基站的安装和硬件测试规范后，如果维护人员此时需要对 BBU 的故障单板进行更换，那么更换步骤和更换过程中的注意事项有哪些？

任务描述

本任务主要介绍 5G 基站部件更换的注意事项、工具准备、操作规范。主要涉及 5G BBU 风扇模块、BBU 横插单板、BBU 电源模块、基站光模块、5G AAU 和相关线缆的更换注意事项和更换步骤，以及 5G 部件更换过程中，如何避免对设备造成损坏或避免业务受到影响。

通过本任务的学习，可以掌握 5G BBU 风扇模块、BBU 横插单板、BBU 电源模块、基站光模块、5G AAU 和相关线缆的更换流程，以及在更换过程中的注意事项，能够在更换完成后独立正确地判断是否更换成功，能够掌握更换失败后的失败原因分析能力。

任务目标

- 能够更换 BBU。
- 能够更换 BBU 单板。
- 能够更换光模块。
- 能够更换 AAU。
- 能够更换相关线缆。
- 能够更换智能室分系统 pRRU 设备

4.3.1 更换场景

通常在以下场景进行部件更换。

1. 设备维护

部件更换是维护人员进行设备维护的常用手段，维护人员可以通过告警或其他设备维护信息确定硬件故障的范围。若单板或机框部件因故障已经退出服务，则可以直接进行相应的更换操作。

2. 硬件升级

当部件增加新功能时，需要对硬件进行升级等。

3. 设备扩容

当对设备扩容时，可能需要对某些部件进行更换或拔插操作。

4.3.2 注意事项

在部件更换过程中，维护人员需要注意避免对设备造成损坏或使业务受到影响。需要注意的设备安全事项包括以下几点。

（1）在部件更换过程中注意避免对设备造成其他的损坏。例如，由于不规范的操作引起背板插针弯曲。

（2）在部件更换过程中尽量不影响系统正常业务的运行。

① 建议不要在话务高峰时期更换可能影响业务的部件，尽量选择话务量最低的时间进行部件更换，如凌晨 2 ~ 4 点。

② 对于主备用运行的部件，禁止直接更换主用部件，应该先进行主备倒换，确认需更换的部件变为备用状态时再进行更换。

（3）不得在雨雪天气下进行部件更换。

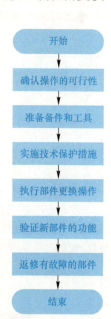

4.3.3 更换流程

为确保设备的运行安全，使部件更换操作对系统业务的影响降到最低限度，维护人员在执行部件更换操作时，必须严格遵循本书所规定的基本操作流程，如图 4-8 所示。

1. 确认操作的可行性

当维护人员需要对某个设备部件执行更换操作时，需要对本次操作的可行性进行必要的评估。

（1）确认设备库房有被更换部件的可用备件。当运营商的设备库房中没有被更换部件的可用备件时，维护人员应及时联系设备商。

（2）确认维护人员有能力执行本次更换操作。部件更换操作只能由有资格的维护人员执行，即维护人员必须具备以下基本素质。

① 熟悉各个部件的功能与作用。

② 了解部件更换的基本操作流程。

图 4-8 部件更换

基本操作流程

③ 掌握部件更换的基本操作技能。

④ 可以控制本次更换操作的风险。

（3）维护人员在执行部件更换操作之前，必须全面评估本次操作的风险，即评估在设备不掉电的情况下是否可以通过一定的技术保护措施来控制风险。只有在风险可控的情况下，维护人员才可以执行更换操作。

2．准备备件

在确认本次更换操作可行的情况下，维护人员应准备被更换部件的备件与必要的工具。运营商应保持一定的备件库存，及时返修有故障的部件，确保重要部件有足够的库存。

3．实施技术保护措施

部件更换具有一定的操作风险，维护人员可以通过实施技术保护措施来规避这种风险。

4．执行部件更换操作

在确认相应的技术保护措施已经到位的情况下，维护人员可按照本书的相关操作规程执行部件的更换操作。

5．验证新部件的功能

当维护人员完成部件的更换操作之后，需要参考本书提供的相关检查或测试方法验证新部件的功能。只有在确认新部件的功能完全正常的情况下，本次更换操作才是成功的；否则，维护人员应及时联系设备商，以便能够快速获取设备商的技术支持。

6．返修有故障的部件

对于更换下来并确认有故障的部件，维护人员应及时联系设备商，将故障部件送至设备商维修，以保证库存备用部件能够及时补充。

4.3.4 操作规范

在更换部件的过程中，操作人员必须遵守操作规范，以免发生人身伤害和设备损坏，表4-5 所示为单板更换操作规范示例。

表 4-5　单板更换操作规范示例

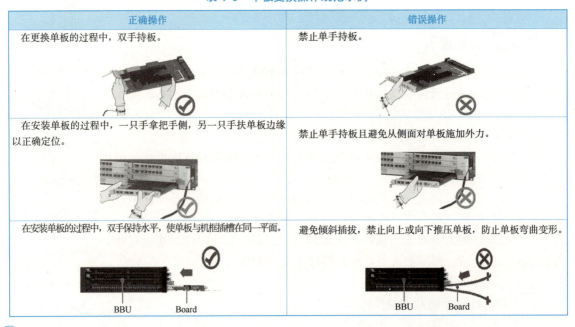

正确操作	错误操作
在更换单板的过程中，双手持板。	禁止单手持板。
在安装单板的过程中，一只手拿把手侧，另一只手扶单板边缘以正确定位。	禁止单手持板且避免从侧面对单板施加外力。
在安装单板的过程中，双手保持水平，使单板与机框插槽在同一平面。	避免倾斜插拔，禁止向上或向下推压单板，防止单板弯曲变形。

4.3.5　工具准备

更换 BBU 和单板所需工具如表 4-6 所示。

表 4-6　更换 BBU 和单板所需工具

工具名称	示意图	工具名称	示意图
防静电手环		标签	
防静电手套		一字螺丝刀	
十字螺丝刀		防静电盒 / 防静电袋	

更换 AAU 所需工具如表 4-7 所示。

表 4-7　更换 AAU 所需工具

工具名称	示意图	工具名称	示意图
螺丝刀		内六角扳手	
扳手		安全帽	
美工刀		防护手套	
钳子		梯子	

4.3.6　更换 5G BBU

BBU 更换流程如图 4-9 所示。

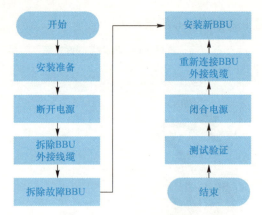

图 4-9　BBU 更换流程

为避免静电危害，执行本操作前请正确佩戴防静电手环。

更换步骤：

（1）更换前必须断开直流电源分配模块上为 BBU 供电的电源开关，保证操作安全，如图 4-10 所示。

图 4-10　断开为 BBU 供电的电源开关

（2）拆除 BBU 端光纤、电源线、GPS、接地线线缆，如图 4-11 所示。

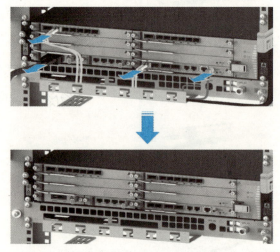

图 4-11　拆除 BBU 端所有线缆

（3）拧下需更换 BBU 设备上的固定螺钉，将插箱轻轻拉出，如图 4-12 所示。

（4）将准备好的新 BBU 插箱插入原 BBU 机柜插槽单元中，并固定 BBU 和机架上的螺钉，如图 4-13 所示。

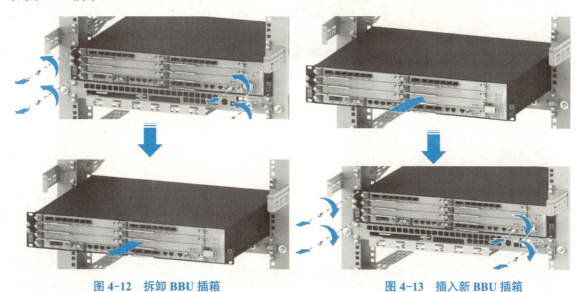

图 4-12　拆卸 BBU 插箱　　　　　　　　　　图 4-13　插入新 BBU 插箱

（5）按照原线缆标签说明，重新安装 BBU 插箱上的所有线缆，如图 4-14 所示。

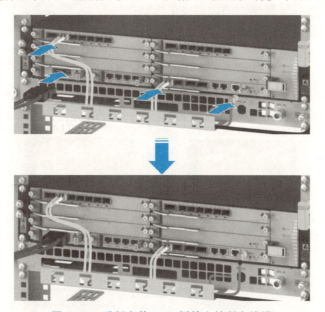

图 4-14　重新安装 BBU 插箱上的所有线缆

（6）线缆安装完成后，检查电源线、接地线、光纤、GPS 的连接，在确认所有线缆全部安装正确后，闭合 BBU 供电电源开关，如图 4-15 所示。

（7）将更换下来的 BBU 插箱放入防静电袋中并粘贴标签，标明具体型号及更换详细原因；存放在纸箱中，纸箱外面也应该有相应标签粘贴，以便日后辨认或故障定位处理，如图 4-16 所示。

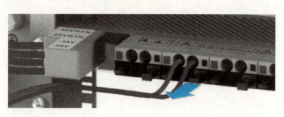

图 4-15　闭合 BBU 供电电源开关

图 4-16　回收故障 BBU 插箱

4.3.7　更换 5G BBU 单板

BBU 单板的更换流程如图 4-17 所示。

1. 更换 5G BBU 风扇模块

注意事项：

（1）佩戴防静电手环或防静电手套。

（2）检查新单板，确保新单板与故障 / 更换单板型号一致。

（3）更换工具主要有防静电袋、标签。

（4）风扇模块要在一定限制时间内完成更换动作，否则没有风扇散热，其他单板可能发生过温告警或触发掉电保护，导致基站服务性能降低。

更换步骤：

（1）握住风扇模块的把柄，压住红色活动模块，然后均匀用力向外拉出风扇模块，如图 4-18 所示。

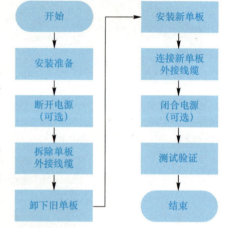

图 4-17　BBU 单板更换流程

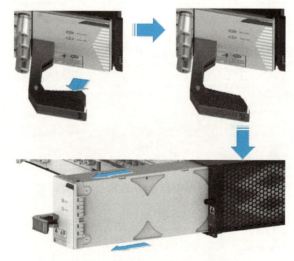

图 4-18　向外拉出故障风扇模块

（2）对准插箱上下导轨插入新风扇模块，听到锁扣发出响声，说明新风扇模块已经安装到位，如图 4-19 所示。

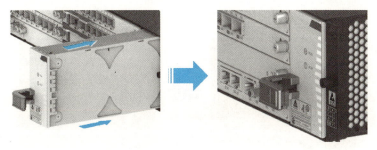

图 4-19　插入新风扇模块

（3）测试新风扇模块是否能够正常工作，如图 4-20 所示。查看状态运行指示灯（RUN）是否慢闪，若为慢闪，则更换成功；否则需检查故障原因。

（4）将更换下来的单板放入防静电袋中并粘贴标签，注明型号、更换 / 故障详细信息。然后存放在纸箱中，纸箱外面也应粘贴相应的标签，以便日后辨认或故障定位处理，如图 4-21 所示。

图 4-20　测试新风扇模块指示灯

图 4-21　回收故障风扇模块

2. 更换 5G BBU 横插单板

横插单板包括环境监控板、交换板和基带板等。

注意事项：

（1）佩戴防静电手环或防静电手套。

（2）检查新单板，确保新单板与故障 / 更换单板型号一致。

（3）更换工具主要有十字螺丝刀、吸塑单板盒、防静电盒 / 防静电袋、标签。

（4）更换独立工作的单板将导致该单板支持的业务中断。

（5）更换单板的过程中，如果需要拔插光纤，注意保护光纤接头，避免弄脏。

（6）插入单板时，注意沿槽位插紧，若单板未插紧可能导致设备运行时产生电气干扰或对单板造成损害。

（7）在拔插光纤的过程中，注意标识收发线缆，避免再次插入时插反收发线缆。

更换步骤（以基带板为例，交换板、环境监控板、通用计算板步骤相同）：

（1）拆除基带单板上的外部连接线缆，并做好标记，如图 4-22 所示。

图 4-22　拆除单板上的外部连接线缆

（2）拔出基带板单板上的光模块，如图4-23所示。

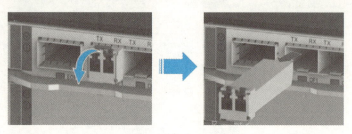

图4-23 拔出光模块

（3）拧松基带单板上的两侧螺丝，并扳开把手，如图4-24所示。

（4）拔出故障基带单板，如图4-25所示。

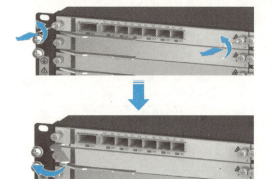

图4-24 拧松螺丝并扳开把手　　　　　　　图4-25 拔出故障单板

（5）对准插箱左右导轨均匀用力，在规划槽位插入新基带单板，如图4-26所示。

（6）向内侧用力压，锁定把手并拧紧单板上的两侧螺丝，如图4-27所示。

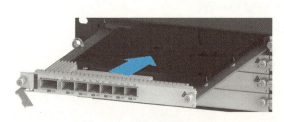

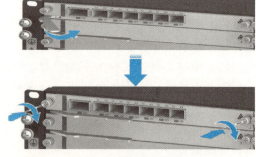

图4-26 插入新单板　　　　　　　　　图4-27 锁定把手并拧紧螺丝

（7）插入原光口光模块，避免混用原光口所对应的光模块，如图4-28所示。

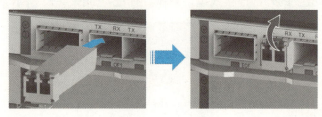

图4-28 插入光模块

（8）重新连接基带板上的光纤，如图 4-29 所示。

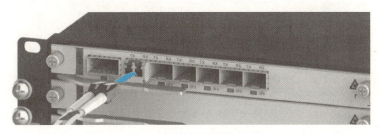

图 4-29　连接基带板的外部线缆

（9）查看新基带单板是否能够正常工作。若工作状态指示灯由快闪变为慢闪（此过程需要几分钟），并无告警，则更换成功；否则需要进行故障排除，如图 4-30 所示。

（10）将替换下来的基带单板放入防静电袋中，并放入吸塑单板盒，粘贴标签，注明单板型号及故障 / 更换信息，并存放在纸箱中，纸箱外面也应该有相应标签粘贴，以便日后辨认或故障定位处理，如图 4-31 所示。

图 4-30　检查新单板是否正常工作

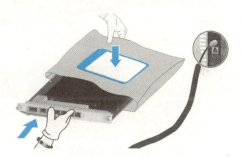

图 4-31　回收故障基带单板

3．更换 5G BBU 电源模块

注意事项：

（1）已佩戴防静电手环或防静电手套。

（2）已检查新电源模块，确保新电源模块与故障 / 更换单板型号一致。

（3）更换工具主要有十字螺丝刀、吸塑单板盒、防静电盒 / 防静电袋、标签。

（4）更换电源模块将导致业务中断。

更换步骤：

（1）断开直流电源分配模块上为 BBU 电源模块供电的配套电源开关，如图 4-32 所示。

图 4-32　断开为电源模块供电的配套电源开关

（2）如图 4-33 所示，拆卸电源模块电源线。先把电源插头的拉环往外拉，同时往外拔出电源插头。切不可用蛮力插拔以免损坏电源连接器。

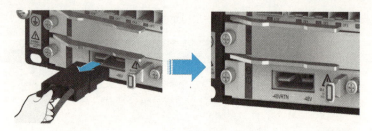

图 4-33　拆卸电源模块电源线

（3）拧松电源模块两边的螺丝，握住凸出的蓝色模块向外用力拔出电源模块，如图 4-34 所示。

（4）握住凸出的蓝色模块向内用力，在原电源模块的槽位插入新电源模块，并拧紧两边的螺丝，如图 4-35 所示。

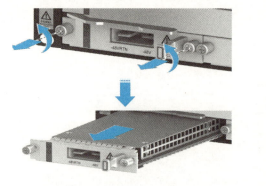

图 4-34　拔出电源模块

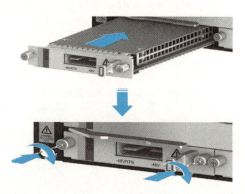

图 4-35　插入新电源模块

（5）如图 4-36 所示，重新安装电源模块的电源线缆。

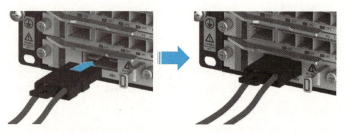

图 4-36　重新安装电源模块的电源线缆

（6）闭合新电源模块供电的电源开关进行上电，如图 4-37 所示。

图 4-37　闭合新电源模块供电的电源开关

（7）查看电源模块指示灯，检查新电源模块是否能够正常供电。若电源模块工作状态指示灯常亮并无告警，并且 BBU 插箱上所有电源模块及风扇模块都正常工作，则更换成功；否则需进行故障排查，如图 4-38 所示。

（8）将更换下来的电源模块装入防静电袋中，并放入吸塑单板盒，粘贴标签，注明单板型号、槽位、版本，分类存放在纸箱中，纸箱外粘贴相应标签，方便识别或故障定位处理，如图 4-39 所示。

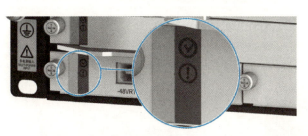

图 4-38　检查新电源模块是否正常供电

图 4-39　回收故障电源模块

4.3.8　更换 5G 基站光模块

注意事项：

（1）佩戴防静电手环或防静电手套。

（2）检查新光模块，确保新光模块与故障 / 更换光模块型号一致。

（3）更换工具主要有防静电盒 / 防静电袋、标签。

（4）更换光模块将导致该模块支持的业务中断。

（5）在更换光模块的过程中，如果需要拔插光纤，注意保护光纤接头，避免污染光纤接头。

更换步骤：

（1）拔掉光模块上的光纤，在光纤接头处盖上保护帽；若没有保护帽可以采用其他方式进行包裹，避免光纤接头污染和损坏，如图 4-40 所示。

（2）将光模块上的手柄向下拉下解除锁定，向外用力拔出故障 / 更换光模块，如图 4-41 所示。

图 4-40　拔掉光模块上的光纤

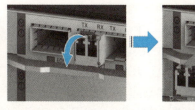

图 4-41　拔出故障光模块

（3）插入新光模块，并将光模块手柄向上扣合，锁定光模块，如图 4-42 所示。

（4）根据光纤标签标识，重新连接与光模块相对应的光纤，如图 4-43 所示。

（5）将更换下来的光模块放入防静电袋中，并粘贴标签，标明型号及故障 / 更换信息，存放在纸箱中，纸箱外面也应粘贴相应的标签，方便识别或故障定位处理，如图 4-44 所示。

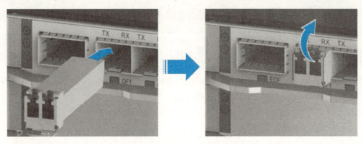

图 4-42　插入新光模块

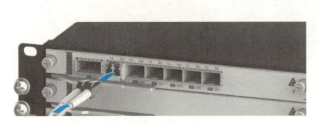

图 4-43　插入光纤线缆

图 4-44　回收故障光模块

4.3.9　更换 5G AAU

AAU 是 5G 有源天线单元，与 BBU 一起构成完整基站。更换 AAU 将导致该设备所承载的业务完全中断。

注意事项：

（1）确认更换 AAU 的硬件配置类型，准备好新的 AAU，其规格与待更换 AAU 的规格一致。

（2）记录好待更换设备上的电缆位置和连接顺序，待设备更换完毕，电缆要插回原位。

（3）环境温度超过 40℃时，禁止高温操作运行中的设备。如果需要进行维护操作，请先断电冷却，以免烫伤。

更换步骤：

（1）通知后台网管侧管理员将要进行 AAU 整机更换，请后台网管管理员执行该站点小区的闭塞或去激活操作，停止该扇区的业务服务。

（2）将需更换 AAU 设备下电。

（3）佩戴防静电手环，确保防静电手环可靠接地。如果无防静电手环或者防静电手环无合适的接地点，可以佩戴防静电手套。

（4）从待更换 AAU 设备上拆下所有相关线缆，线缆端口一一做好标记并进行标签粘贴。

（5）拆卸更换 AAU 设备。在拆卸吊装过程中，超载或吊装设备使用不当可能导致现场人员被掉落的设备砸伤，造成严重人身伤害和安全事故。因此必须严格遵守安全操作施工规范（也适用于安装吊装过程）。

① 从待更换设备拆下线缆，线缆端口做好标记并进行标签粘贴。线缆拆卸方法可参见4.3.10 节"更换线缆"相关内容。

② 记录水平安装角度、俯仰安装角度。

③ 用螺丝刀沿逆时针方向，拧松固定支座到固定架上的两颗螺钉，如图 4-45 所示。

④ 拧松竖直调节螺钉，将微站 AAU 从固定架上取下，如图 4-46 所示。

⑤ 拧松微站 AAU 支座上的 4 颗 M6 内六角螺钉，把支座从微站 AAU 上取下，如图 4-47 所示。

图 4-45　拧松固定支座到固定架上螺钉　　　图 4-46　拆取微站 AAU

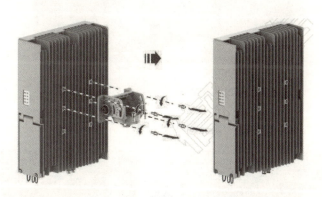

图 4-47　拆取微站 AAU 支座

（6）按照原安装位置安装新设备。

具体整机安装步骤可参见 3.4.7 节中"安装微站 AAU"相关内容。

（7）根据线缆标签所标记的信息，重新安装拆卸下来的线缆。

具体线缆安装步骤可参见 3.4.7 节中"安装微站 AAU 线缆"相关内容。

（8）设备重新上电。

（9）通知网管侧管理员执行该站点小区的解闭塞 / 激活操作。

（10）设备上电后观察指示灯状态（设备重新上电到设备正常工作主要是设备自检和软硬件启动的过程，通常需要等待一段时间）。

① 如果设备指示灯显示正常且后台网管显示小区状态正常，那么表示自检成功和整机更换成功。

② 如果指示灯显示不正常或后台网管显示小区状态异常，那么表示业务未恢复。需要定位故障原因，设备指示灯显示状态说明可参见 4.4.2 节"单板指示灯状态"相关内容。

（11）处理故障设备。

① 将更换下来的设备放入防潮防静电袋中，并粘贴标签，注明设备型号及更换/故障信息。

② 将更换下来的设备存放在纸箱中，纸箱外面粘贴同样信息的标签，以便维修时辨认处理。

③ 与设备商联系，处理故障设备。

4.3.10　更换线缆

1. 更换 5G BBU 电源线

注意事项：

（1）佩戴防静电手环或防静电手套。

（2）检查新线缆，确保新的电源线缆与受损线缆型号一致且长度相同。

（3）更换工具主要有内六角扳手、十字螺丝刀、防静电盒 / 防静电袋、标签。

（4）更换电源线缆将导致 BBU 机柜断电，所有业务中断。

（5）禁止带电安装、拆除电源线。电源线芯在接触导体的瞬间会产生电弧或电火花，造成安全事故或人身伤害。

更换步骤：

（1）断开直流电源分配模块上为 BBU 供电的电源开关，如图 4-48 所示。

图 4-48　断开为 BBU 供电的电源开关

（2）拆除受损的电源线缆，如图 4-49 所示。

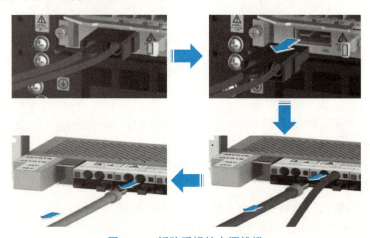

图 4-49　拆除受损的电源线缆

（3）按照原电源线缆布放路由、布放新电源线缆，如有特殊情况需向相关负责人确认后方可施工。

（4）安装新的电源线缆，如图 4-50 所示。

（5）闭合直流电源分配模块为 BBU 供电的电源开关，并确认 BBU 供电正常，如图 4-51 所示。

（6）重新粘贴电源线标签并绑扎线缆，如图 4-52 所示。

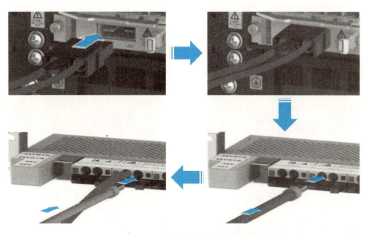

图 4-50　安装新的电源线缆

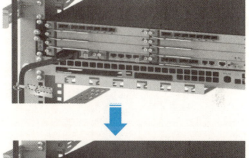

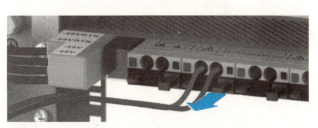

图 4-51　闭合为 BBU 供电的电源开关

图 4-52　粘贴标签并绑扎线缆

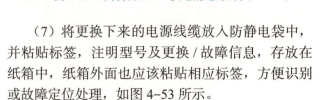

（7）将更换下来的电源线缆放入防静电袋中，并粘贴标签，注明型号及更换 / 故障信息，存放在纸箱中，纸箱外面也应该粘贴相应标签，方便识别或故障定位处理，如图 4-53 所示。

2. 更换 5G 机柜接地线

注意事项：

（1）佩戴防静电手环或防静电手套。

（2）检查新线缆，确保新的接地线缆与受损线缆型号一致且长度相同。

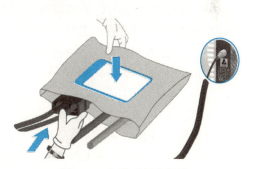

图 4-53　回收受损电源线

（3）更换工具主要有十字螺丝刀、防静电袋、标签。

更换步骤：

（1）拆除需更换的接地线缆，包括机柜侧和接地排侧连接端子，如图 4-54 所示。

（2）按照原接地线缆布放路由布放新接地线缆，如有特殊情况需向相关负责人确认后方可施工，如图 4-55 所示。

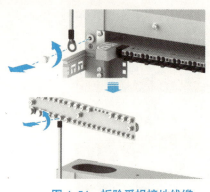

图 4-54 拆除受损接地线缆

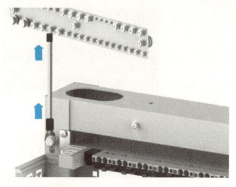

图 4-55 布放新的接地线

（3）连接新接地线缆，如图 4-56 所示。

（4）重新粘贴接地线标签并绑扎线缆，如图 4-57 所示。

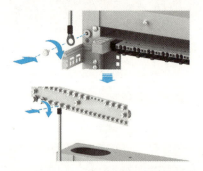

图 4-56 连接新接地线缆

图 4-57 粘贴标签并绑扎线缆

（5）更换完成后需做如下检查。

① 检查接地线连接位置是否正确。

② 检查接地线接头是否紧固。

（6）将更换下来的接地线缆放入防静电袋中，并粘贴标签，注明型号及更换／故障信息，存放在纸箱中，纸箱外面也应该粘贴相应标签，方便识别或故障定位处理，如图 4-58 所示。

图 4-58 回收受损接地线缆

3. 更换 5G BBU 光纤

注意事项：

（1）佩戴防静电手环或防静电手套。

（2）检查新光纤。确保新光纤和受损光纤是同一种类型且长度一致。

（3）更换工具主要有防静电盒／防静电袋、标签。

（4）在操作过程中不要损坏光纤的保护层。

（5）保护光纤接头，避免弄脏或损坏。

（6）在拆除受损光纤和绑扎新光纤时，不可用力强拉。

（7）新光纤转折处必须弯成弧形。

（8）更换光纤会造成该光纤所承载的业务全部中断。

（9）在更换光纤的过程中切勿裸眼靠近或直视光纤连接器端面，以免损伤视力。

更换步骤：

（1）拆除需更换的光纤，拔出 5G 设备侧和传输侧光纤，如图 4-59 所示。

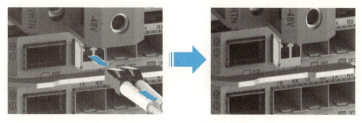

图 4-59　拆除受损光纤

（2）布放新光纤。新光纤的布放位置、走线方式应与所更换的光纤一致，如图 4-60 所示。

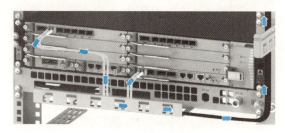

图 4-60　布放新光纤

（3）连接新光纤。将新光纤连接器沿轴线对准光模块卡口，轻推插入，直至听到"咔"的一声，说明连接器已经安插到位，如图 4-61 所示。

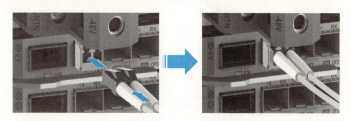

图 4-61　连接新光纤

（4）重新粘贴光纤标签并绑扎线缆，如图 4-62 所示。

（5）更换完成后需做如下检查。

① 检查光纤连接位置是否正确。

② 检查光纤连接器是否卡紧。

③ 检查与该路光纤传输相关的告警是否消失。

④ 将更换下来的光纤放入防静电袋中，并粘贴标签，注明型号及故障信息，存放在纸箱中，纸箱外面也应该粘贴相应标签，以便日后辨认处理，如图 4-63 所示。

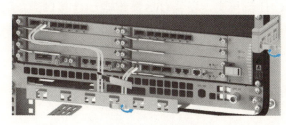

图 4-62　粘贴标签并绑扎线缆

图 4-63　回收受损光纤

4．更换 5G 基站 GPS 线缆

注意事项：

（1）佩戴防静电手环或防静电手套。

（2）检查新线缆，确保新的 GPS 线缆与受损线缆型号一致且长度相同。

（3）更换工具主要有十字螺丝刀、防静电袋、标签。

更换步骤：

（1）拆除交换单板上 GNSS 接口侧跳线，拧下 GPS 跳线接头，如图 4-64 所示。

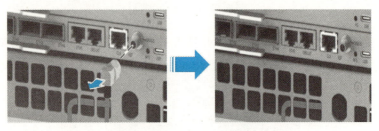

图 4-64　拆除 GNSS 接口侧跳线

（2）拆除 GPS 防雷器侧 GPS 馈线，拧下 GPS 馈线接头，如图 4-65 所示。

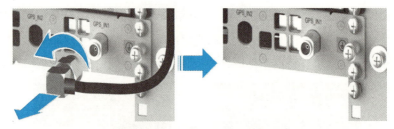

图 4-65　拆除 GPS 防雷器侧 GPS 馈线

（3）用十字螺丝刀逆时针旋转螺钉，拆除导风插箱，如图 4-66 所示。

图 4-66　拆除导风插箱

（4）逆时针旋转 GPS 防雷器 CH1 侧接头，拆除 GPS 防雷器 CH1 接口侧跳线，如图 4-67 所示。

（5）顺时针旋转新 GPS 跳线与防雷器 CH1 侧接头，安装 GPS 防雷器 CH1 接口侧新跳线，如图 4-68 所示。

（6）导风插箱按原位置进行还原，用 M6 螺钉将导风插箱紧固在机柜 / 安装单元上，如图 4-69 所示。

（7）布放新 GPS 跳线。新 GPS 跳线的布放位置、走线方式应与所更换的 GPS 跳线一致，如图 4-70 所示。

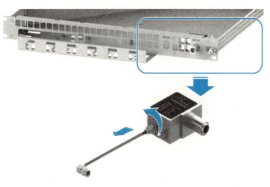

图 4-67　拆除 GPS 防雷器 CH1 侧跳线

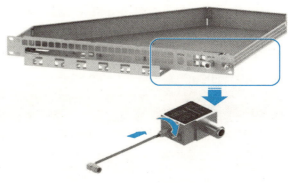

图 4-68　安装 GPS 防雷器 CH1 接口侧跳线

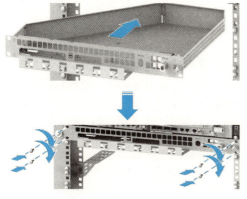

图 4-69　安装导风插箱

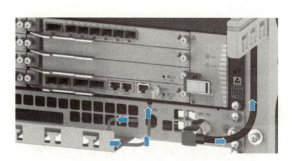

图 4-70　布放新 GPS 跳线

（8）安装交换单板 GNSS 接口侧新 GPS 跳线，顺时针旋转拧紧 GPS 跳线接头，如图 4-71 所示。

（9）安装 GPS 馈线到 GPS 避雷器上，顺时针拧紧 GPS 馈线接头，如图 4-72 所示。

图 4-71　安装 GNSS 接口侧新 GPS 跳线

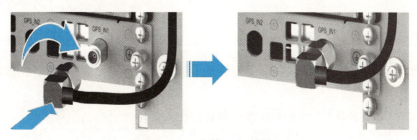

图 4-72　安装 GPS 馈线

（10）重新粘贴光纤标签并绑扎线缆，如图 4-73 所示。

（11）将替换下来的 GPS 跳线放入防静电袋中，并粘贴标签，注明型号及故障信息，存放在纸箱中，纸箱外面也应该粘贴相应标签，以便日后辨认处理，如图 4-74 所示。

图 4-73　粘贴标签并绑扎线缆

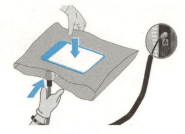
图 4-74　回收废弃 GPS 跳线

5．更换 5G AAU 电源线

注意事项：

（1）更换工具主要有内六角扳手、十字螺丝刀、防静电盒 / 防静电袋、标签。

（2）新电源线缆已经就绪，并确保新的电源线缆与受损的电源线缆型号一致且长度相同。

（3）更换电源线缆将导致 AAU 断电，所有业务中断。

（4）禁止带电安装、拆除电源线。电源线芯在接触导体的瞬间，会产生电弧或电火花，造成安全事故或人身伤害。

更换步骤：

（1）将外部供电电源开关置于关闭状态。

（2）记录好待更换电源线缆两端的接线情况，拆除旧电源线缆或故障电源线缆。

① 打开维护窗，打开电源线缆压线夹。

② 拔出 AAU 电源线缆插头，如图 4-75 所示。

③ 用螺丝刀按压直流电源插头的顶杆，从压线筒内部拔出电源线缆的管状端子，重新制作 AAU 电源线插头，如图 4-76 所示。

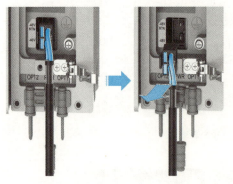
图 4-75　拆除更换电源线

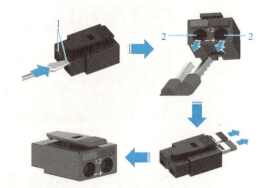
图 4-76　制作电源线插头

（3）按照记录好的旧电源线缆或故障电源线缆原位置，将新电源线缆两端连好。电源线缆更换完成后，关闭维护窗。

（4）检查确认新的电源线缆安装正确，并用万用表测量 −48V、GND 电源线是否短路。

（5）打开外部供电柜上相应的输出电源控制开关前，需逐项检查以下内容。

① 电源线缆连接是否正确。

② 电源线缆接头是否插紧。

③ 与电源线缆相关的告警是否消失。

（6）处理更换下来的旧电源线缆或故障电源线缆。

① 将更换下来的旧电源线缆或故障电源线缆放入防潮防静电袋中，并粘贴标签，注明线缆型号、更换／故障信息。存放在纸箱中，纸箱外面粘贴同样信息的标签，以便维修时辨认处理。

② 与设备商联系，处理受损线缆。

6. 更换 5G AAU 保护接地线

注意事项：

（1）检查新线缆，确保新保护接地线缆与旧保护接地线缆、受损保护接地线缆型号一致，且长度相同。

（2）更换工具主要有十字螺丝刀、防静电盒／防静电袋、标签。

更换步骤：

（1）将外部供电电源开关置于关闭状态。

（2）记录好保护接地线缆两端的接线情况，拆除旧保护接地线缆或受损保护接地线缆，如图 4-77 所示。

（3）拆除保护接地线缆接地排端接地端子。

（4）布放新的保护接地线缆。

（5）在保护接地线缆一端压接 OT 端子，将线缆固定到微站 AAU 的接地点上。

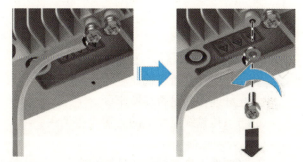

图 4-77 拆除旧／受损保护接地线缆

（6）在新的保护接地线缆上粘贴工程标签，新保护接地线缆的标签内容应与旧的标签内容一致。

（7）绑扎固定新的保护接地线缆和标签。

（8）检查保护接地线缆位置是否正确，以及保护接地线缆接头是否紧固。

（9）处理更换下来的旧保护接地线缆或受损保护接地线缆。

① 将更换下来的旧保护接地线缆或受损线缆放入防潮防静电袋中，并粘贴标签，注明线缆型号、故障信息。存放在纸箱中，纸箱外面粘贴同样信息的标签，以便维修时辨认处理。

② 与设备商联系，处理受损线缆。

7. 更换 5G AAU 光纤

注意事项：

（1）更换工具主要有内六角扳手、十字螺丝刀、防静电盒／防静电袋、标签。

（2）确定待更换光纤的数量、长度、类型。

（3）新光纤已经就绪，并确保新光纤和受损光纤是同一种类型。

（4）在操作过程中不要损坏光纤的保护层。

（5）保护光纤接头，避免弄脏或损坏。

（6）在拆除受损光纤和绑扎新光纤时，不可用力强拉。

（7）新光纤转折处必须弯成弧形。

（8）更换光纤会造成该光纤所承载的业务全部中断。

（9）在更换光纤过程中切勿裸眼靠近或直视光纤连接器端面，以免损伤视力。

更换步骤：

（1）为保证施工安全，更换前需将外部供电电源开关置于关闭状态。

（2）记录好待更换光纤接口或故障光纤接口线缆两端的接线位置，做好标记。

（3）拆卸需更换的光纤，如图 4-78 所示。

① 打开维护窗。

② 松开压线夹。

③ 拆卸维护窗口端光缆。

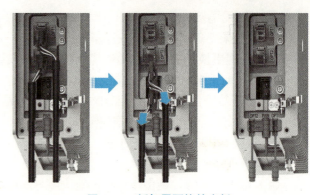

图 4-78　拆卸需更换的光纤

（4）拆除 BBU 基带板侧一端光纤。

（5）安装新的光纤，参见光纤安装内容。

（6）在新光纤上粘贴光纤工程标签。新光纤的标签内容应与更换下来的受损/旧光纤的标签内容一致。

（7）绑扎新光纤。

（8）更换完光纤后，逐项检查以下内容。

① 光纤连接是否正确。

② 光纤连接器是否连接牢固。

③ 与该传输线路相关的告警是否消失。

（9）处理受损光纤。

① 将更换下来的受损/旧光纤放入防潮防静电袋中，并粘贴标签，注明线缆型号和更新原因信息。存放在纸箱中，纸箱外面粘贴同样信息的标签，以便维修时辨认处理。

② 与设备商联系，处理受损线缆。

4.3.11　智能室分系统 pRRU 更换

智能室分 Qcell 是后续 5G 室分的主流形态，5G 室分 QCELL 方案，匹配室分各种场景建设需求，而 pRRU 是一种小型化、低功率、低功耗的室内覆盖射频单元。pRRU 的全称为 picorru。也是室内我们经常见到的一种设备，如图 4-79 所示。

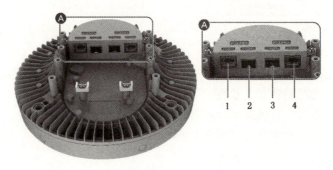

图 4-79

1—以太网电口；2—以太网光口；3—以太网光口；4—以太网电口（级联 ZXSDR R8119 和 ZXSDR R8129）

注意事项：

（1）确认更换 pRRU 的硬件配置类型，准备好新的 pRRU，其规格与更换 pRRU 的规格一致。

（2）记录好待更换设备上的电缆位置和连接顺序，待设备更换完毕后，电缆要插回原位。

（3）环境温度超过 40℃时，禁止高温操作运行中的设备。如果需要进行维护操作，请先断电冷却，以免烫伤。

更换步骤：

（1）通知后台网管侧管理员将要进行 pRRU 整机更换，请后台网管管理员执行该站点小区的闭塞或去激活操作，停止该扇区的业务服务。

（2）将需更换 pRRU 设备下电。

（3）佩戴防静电腕带，确保防静电腕带可靠接地。如无防静电腕带或者防静电腕带无合适的接地点，可以佩戴防静电手套。

（4）拆卸更换 pRRU 设备。在拆卸吊装过程中，超载或吊装设备使用不当可能导致现场人员被掉落的设备砸伤，造成严重人身伤害和安全事故。因此需严格遵守安全操作施工规范（也适用安装吊装过程）。

①使用一字螺丝刀，压下防拆开关，逆时针转动模块，拆下模块，如图 4-80 所示。

图 4-80

②拆除连接线缆接头，注意接头次序，这样旧设备旧拆除完毕，如图 4-81 所示。

③取出新的 pRRU 备件，按照准确线序重新连接相应线缆，如图 4-82 所示。

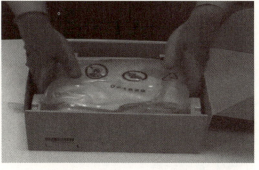

图 4-81　　　　　　　　　　　　　图 4-82

④按照之前讲解安装过程，把新备件安装到原位置，如图 4-83 所示。

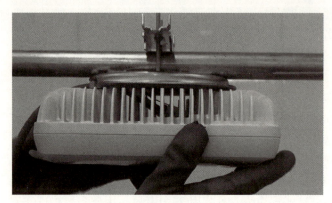

图 4-83

（5）设备重新上电。

（6）通知网管侧管理员执行该站点小区的解闭塞 / 激活操作。

设备上电后观察指示灯状态（设备重新上电到设备正常工作主要是设备自检和软硬件启动的过程，通常需要等待一段时间）。

（7）处理故障设备。

①将更换下来的设备放入防潮防静电袋中，并粘贴标签，标签注明设备型号以及更换 / 故障信息。

②将更换下来的设备存放在纸箱中，纸箱外面粘贴同样信息的标签，以便维修时辨认处理。

③与设备商联系，处理故障设备。

课后复习及难点介绍

5G 基站部件
更换

课后习题

1．简述哪些场景需要进行部件更换。

2．简述更换 5G AAU 电源线的注意事项。

3．简述更换智能室分系统 pRRU 设备的流程。

项目 5

5G 基站设备验收

项目概述

5G 基站设备的安装正确与否直接决定着网络整体性能的好坏，而 5G 基站设备的测试和验收是网络施工质量的保证，也是我国作为通信大国的基本担当。

通过本项目的学习和操作，学员将掌握 5G 基站设备的测试、验收需要的专业知识和操作技能，了解在工作场景下系统测试和验收的工作流程和经验，并体验小组成员间分工协作给项目施工带来的重要影响和意义。

项目目标

- 能完成设备验收准备。
- 能完成竣工验收实施。
- 能完成验收资料编制。

知识地图

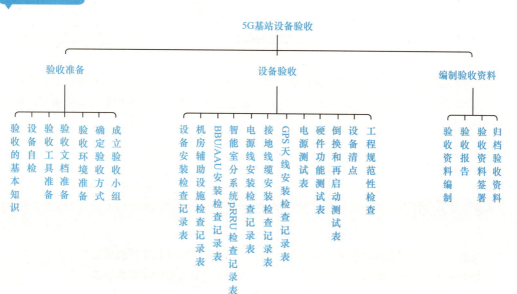

任务 1　验收准备

课前引导

当建设单位完成了硬件测试之后设备就可以交付了，那么接收单位在接收设备之前需要做什么？前期准备工作有哪些？

问题 1：验收工具包含哪些？

答：十字螺丝刀（4″、6″、8″ 各一个）、一字螺丝刀（4″、6″、8″ 各一个）、活动扳手（6″、8″、10″、12″ 各一个）、套筒扳手一套、防静电手环、老虎钳一把（8″）、绳子、梯子、万用表、光功率检测仪器组一套。

问题 2：验收文档包括哪些？

答：主、配套设备安装检查记录、机房辅助设施检查记录、BBU/AAU 安装检查记录、电源线安装检查记录、接地线缆安装检查记录、天馈系统及线缆布放检查记录、GPS 天线安装检查记录、电源测试记录、硬件功能测试记录、倒换和再启动测试记录。

任务描述

5G 基站设备验收前，需完成相关自检，确保验收顺利实施。此外，还要准备相应的工具、文档，掌握验收的环境要求，确定验收的方式，成立验收小组。通过本任务内容的学习，使学员具备 5G 基站验收准备的工作技能。

任务目标

- 能描述 5G 基站设备验收的流程。
- 能按标准完成 5G 基站设备自检。
- 能完成验收工具的准备。
- 能完成验收文档的准备。

5.1.1 验收的基本知识

本项目涉及的验收聚焦为基站设备安装及基站硬件功能。机房、铁塔等施工工程类验收不属于本项目范畴。

任务实施

5.1.2 设备自检

在验收前，参考项目 4 中任务 1 和任务 2 的内容，完成 5G 基站设备上电测试和基站硬件测试，确保设备功能正常。

5.1.3 验收工具准备

验收所需的工具：

（1）十字螺丝刀（4″、6″、8″各一个）。

（2）一字螺丝刀（4″、6″、8″各一个）。

（3）活动扳手（6″、8″、10″、12″各一个）。

（4）套筒扳手一套。

（5）防静电手环。

（6）老虎钳一把（8″）。

（7）绳子。

（8）梯子。

（9）光功率检测仪器组一套。

验收所需的仪器仪表：万用表一个。

此外，根据现场实际情况，准备其他可能使用的工具和仪器仪表。

5.1.4 验收文档准备

准备并打印验收文档，可能会用到的验收文档如下。

（1）主、配套设备安装检查记录。

（2）机房辅助设施检查记录。

（3）BBU、AAU 安装检查记录。

（4）智能室分系统 pRRU 检查记录表。

（5）电源线安装检查记录。

（6）接地线缆安装检查记录。

（7）天馈系统及线缆布放检查记录。

（8）GPS 天线安装检查记录。

（9）电源测试记录。

（10）硬件功能测试记录。

（11）倒换和再启动测试记录。

需要注意各验收文档及其中的内容需要各方确认一致，没有分歧。

5.1.5　验收环境准备

1．沟通业主

（1）了解情况，包括上站是否需要钥匙。

（2）节假日是否方便上站。

（3）了解电源情况，包括位置、电表读数。

2．基站外部环境检查

（1）站房附近无垃圾、积水，站房围墙内无垃圾、工程遗留物等。

（2）独立建站，需有围墙，围墙门完好，围墙无缺口，能正常关锁、隔离。

（3）围墙外排水设施齐全，四周排水孔畅通，地基稳固无沉降，围墙无裂痕。

（4）散水坡完好，无断裂和塌陷现象。

3．基站安全管理

（1）要求配置两个不小于 1 kg 符合消防规定的灭火器，灭火器均在有效使用时间之内。灭火器放置于室内靠近门口，位置明显、易于取放的地方。

（2）机房内不能有易燃、易爆及纸箱等。

（3）基站墙壁、顶棚和地板无渗水、浸水等现象，站内无水管穿越（若不可避免，应增设防护措施），不使用洒水式消防器材。

（4）所有进出机房的线路在走线孔外必须制作滴水弯。

（5）进出基站的进线孔洞应该使用防火泥进行封堵。

（6）烟感、门禁、水浸、动力报警设备必须齐备、可靠。

（7）室外机组和电表等易盗物品应加装防盗保护装置。

（8）基站大门应使用铁质或钢制防盗门，门锁能正常开启。

4．基站环境与布置

（1）机房温度为 10℃～32℃，机房湿度为 15%～80%。

（2）地板、墙壁、桌面、机架、设备、设备风扇、线缆上无明显的污迹及尘土堆积。

（3）机房应密闭。（4）墙面应平整、光洁、无明显裂缝（不渗水）、不掉灰，地面不起灰。

（5）机房内地板不得翘曲、塌陷。

（6）机房内设备摆放不得凌乱。

5．基站标识标签

（1）设备、线缆标签统一。

（2）标识标签内容与实际相符。

（3）DDF/ODF 标记齐全、准确。

（4）各线路板对应光方向标识明确。

5.1.6　确定验收方式

确定验收方式以及验收时间、人员、车辆的组织安排，正式下发工程初步验收通知。

在进行验收时，验收小组成员应严格检查各单项工作的施工工艺质量、设备性能指标，审查验收资料是否与现场实际相符、验收完毕后签字确认是否及时准确等。

5.1.7　成立验收小组

邀请设备商、运营商、施工单位、设计单位等所有相关单位组成验收小组。在验收前召开验收准备会议，检查验收准备工作。

课后复习及难点介绍

5G 基站验收
准备

难点：5G 基
站验收准备

课后习题

1. 机房温度和湿度分别在什么范围？
2. 基站外部环境检查包含哪几个方面？
3. 基站外部环境检查需要注意哪些方面？

任务 2　设备验收

课前引导

准备好验收工具后，就可以开始验收，那么进行验收需要做哪些工作？这些工作和前期的测试有什么关系？

问题 1：验收工作记录表包括哪几方面？

答：检查内容、检查结果、检查人、处理意见、各单位签章。

问题 2：验收工作主要的记录表有哪些？

答：设备安装检查记录表、机房辅助设施检查记录表、BBU/AAU 安装检查记录表、电源线安装检查记录表、接地线缆安装检查记录表、天馈系统及线缆布放检查记录表、GPS 天线安装检查记录表等。

任务描述

完成验收准备工作后，可根据验收文档的规定，逐项测试完成电源、硬件功能、倒换和再启动、传输中断、设备验收、工程规范性检查等工作，并记录结果。注意完成验收后，各责任方要及时在相关文档签字确认。如果发现验收问题，需要明确记录验收不满足项，以便整改后重新进行验收。

任务目标

- 能描述验收步骤。
- 能完成 5G 基站各项验收测试。
- 能记录验收结果。

验收表格示例如表 5-1 ～表 5-10 所示。

5.2.1　设备安装检查记录表

设备安装检查记录表如表 5-1 所示

表 5-1　设备安装检查记录表

序号	检查内容	检查结果		检查人
		合格	不合格	
1	动环监控系统安装牢固、接线正确、布线整齐美观。防盗、烟雾、积水、温控探头或传感器均安装在有效位置，功能正常			
2	空调：安装位置正确，安装牢固，排水管安装符合要求，线管出墙口密封良好			
3	蓄电池：电池支架布放符合承载力分散的原则，支架用地脚螺丝紧固，防滑、防震。端子连接紧固、密贴，接地可靠。不同厂家、不同容量、不同型号、不同时期的蓄电池组严禁并联使用			
4	地排安装符合设计要求，牢固、可靠，接地母线连接良好。室外地排与包括走线架在内的其他金属体和墙体绝缘，馈线的室内接地及光缆的金属加强芯必须接到室外接地铜排上。馈线窗安装牢固，方向正确，封堵严密			
5	开关电源、综合机架：安装位置正确，固定牢固，机架安装应垂直，允许垂直偏差小于 2 mm，前面板与同一列机架的面板成一直线。地脚螺丝安装牢固，符合防震要求。交、直流电源线标识正确、明显，机架引接导线规格型号符合要求，布放美观合理，接头连接牢固紧密。机架接地良好，机架内部工作地线、防雷地线引接正确			
6	主设备机架：安装位置正确、固定牢固，符合防震要求。机架垂直偏差小于 2 mm，设备前面板应与同列设备面板成一直线，相邻机架的缝隙应小于 3 mm。机架可靠接地，直流电源线接入正确，各导线电缆接头和连接件紧固可靠，正确无误，标识明显			

处理意见：

施工单位：	监理单位：	建设单位：
签章：	签章：	签章：
日期：	日期：	日期：

5.2.2　机房辅助设施检查记录表

机房辅助设施检查记录表如表 5-2 所示。

表 5-2 机房辅助设施检查记录表

序号	检查内容	检查结果		检查人
		合格	不合格	
1	交流引入：电力线应采用铠装电缆或绝缘保护套电缆穿钢管埋地引入基站，金属护套或钢管两端应就近可靠接地，机房孔洞需做好防火封堵			
2	交流配电箱：安装位置正确、安装牢固，开关规格、位置与接线图相符。接线线径、颜色符合要求，绑扎牢固、排列整齐，接线紧固，开关和进出线均有标识。金属外壳、避雷器的接地端均应做保护接地，严禁做接零保护			
3	照明、插座、开关：位置正确、安装牢固，插座有电、接线正确（左零右火）、功能正常			
4	室内走线架安装位置高度符合施工图；整条走线架应平直，无明显起伏或歪斜现象，与墙壁保持平行。走线架的侧旁支撑、终端加固角钢的安装应牢固、平直、端正。节间用 10 mm² 黄绿色导线连接，并就近用 35 mm² 黄绿色导线与室内保护接地排连通			
5	室外走线架安装位置正确、安装牢固。支撑平稳，横铁间隔均匀，横平竖直、漆色一致。接地符合设计要求，焊点做防腐蚀、防锈处理			

处理意见：

施工单位： 签章： 日期：	监理单位： 签章： 日期：	建设单位： 签章： 日期：

5.2.3 BBU/AAU 安装检查记录表

BBU/AAU 安装检查记录表如表 5-3 所示。

表 5-3 BBU/AAU 安装检查记录表

序号	检查内容	检查结果		检查人
		合格	不合格	
1	设备安装位置应符合工程设计文件，设备安装时必须预留一定的安装空间、维护空间和扩容空间，严禁安装在馈线窗或挂式空调正下方。尽量不要将设备安装在蓄电池上方，以方便维护；但注意安全施工			
2	BBU 与 AAU 设备之间的野战光缆或尾纤在与 BBU 连接时必须按各设备厂商要求与扇区的关系对应正确 BBU 机柜前面必须预留不小于 700 mm，以便维护。建议 BBU 底部距地 1.2 m 或与室内其他设备底部距地保持一致，上端不超过 1.8 m，以便维护			
3	设备进行墙面固定时，必须遵守如下顺序：绝缘垫片、机架、白色绝缘垫套、平垫、弹垫、螺母。设备安装完毕，所有配件必须紧密固定，无松动现象			

序号	检查内容	检查结果		检查人
		合格	不合格	
4	BBU 的保护地线为 6 mm² 以上的黄绿地线，需要按照要求制作两段地线。A 段地线连接 BBU 和机壳，B 段地线连接机壳和机房室内保护地排。注意，选用合适的铜鼻子和黄色热缩套管。室内接地排上接地，一个接地螺栓只能接一根保护地线。室内接地排上保护接地严禁与其他设备共用接地点			
5	将直流电源线和保护接地线沿机壳左侧前面和上方的绑线孔一起绑扎，直接垂直水平走线架或进入机壳左侧上方的 PVC 走线槽；直流电源线弯曲时要留有足够的弯曲半径，以避免损坏线缆			
6	RRU 的直流电源线、光纤及其接头等室外电缆应采用铠装电缆或套金属波纹管，各接头做好防水、防潮、防鼠处理；电缆经过的孔洞要进行密封；基站室外布放的光缆需加装 PVC 套管保护；电源线建议套防火 PVC 管，在条件允许的情况下，采用盖式走线槽形式铺放馈线；电源线和光缆可以共用 PVC 管一起布放，而与馈线应分开走线；户外走线不要沿着避雷带走线，且走线时应避免架空飞线			
处理意见：				
施工单位： 签章： 日期：	监理单位： 签章： 日期：	建设单位： 签章： 日期：		

5.2.4 智能室分系统 pRRU 检查记录表

智能室分系统 pRRU 检查记录表如表 5-4 所示。

表 5-4　智能室分系统 pRRU 检查记录表

序号	检查内容	检查结果		检查人
		合格	不合格	
1	十分小区设计与现场 PRRU 安装位置、以及数量是否一致，包括（覆盖区域、小区经纬度）			
2	根据不同的安装环境，PRRU 可安装在室内墙面、室内天花板、吊顶扣板上，也可以固定在室内金属桅杆、龙骨上，禁止将 PRRU 安装在铝扣板和非标准龙骨上。			
3	禁止将设备安装在强热源旁边，禁止空调排热箱或其他散热电器设备排风口正对设备，PRRU 与白炽灯的距离需大于 50cm。			
4	PRRU 与温度传感器之间的安装距离需大于 50cm			
5	PRRU 的各类支撑件应结实牢固，铁杆要垂直，横担要水平，所有铁件材料都应做防氧化处理。			

序号	检查内容	检查结果		检查人
		合格	不合格	
6	PRRU 安装不能安装在强电、强磁干扰和强腐蚀性环境周边，须远离易燃、易爆场所和易受电磁干扰场所（发电站、高压变电站、有线电视塔等）。			
7	PRRU 的安装必须牢固，手摇不晃动；美观，尽量不破坏室内整体环境，外观要保持清洁。			
8	安装 PRRU 位置如遇排风，消防管道等设施，天线应稍微安装在排风、消防管道设备的下方，防止天线被阻挡。			
9	设备应避开房间存在漏水或有滴水的区域（空调室外机、水管、管道、房顶漏水、滴水等）。			
10	需外接天线 PRRU 安装空间要求：顶部距离 300mm，底部距离 300mm，左侧距离 300mm，右侧距离 300mm，前部距离 400mm，背部距离 20mm			
11	无外接天线 PRRU 安装空间要求：顶部距离 50mm，底部距离 150mm，左侧距离 50mm，右侧距离 50mm，前部距离 50mm，背部距离 20mm			

5.2.5　电源线安装检查记录表

电源线安装检查记录表如表 5-5 所示。

表 5-5　电源线安装检查记录表

序号	检查内容	检查结果		检查人
		合格	不合格	
1	电源线与电源分配柜接线端子连接，必须采用铜鼻子与接线端子连接，并且使用螺丝加固，接触良好			
2	电源线、接地线必须使用整段材料。端子型号和线缆直径相符，芯线剪切齐整，不得剪除部分芯线后用小号压线端子压接			
3	电源线、接地线压接应牢固，芯线在端子中不可摇动，电源线、接地线接线端子压接部分应加热缩套管或缠绕至少两层绝缘胶带，不得将裸线和铜鼻子鼻身露于外部			
4	电源线不得与其他电缆混扎在一起，电源线和其他非屏蔽电缆平行走线的间距推荐大于 100 mm，电源线布线应整齐美观，转弯处要有弧度，弯曲半径大于 50 mm（不小于线缆外径的 20 倍），且保持一致			
5	压接电源线、工作地线接线端子时，每只螺栓最多压接两个接线端子，且两个端子应交叉摆放，铜鼻子鼻身不得重叠			
处理意见：				
施工单位： 签章： 日期：	监理单位： 签章： 日期：		建设单位： 签章： 日期：	

5.2.6　接地线缆安装检查记录表

接地线缆安装检查记录表如表 5-6 所示。

表 5-6　接地线缆安装检查记录表

序号	检查内容	检查结果		检查人
		合格	不合格	
1	应用整段线料，线径与设计容量相符，布放路由符合工程设计要求，多余长度应裁剪，端子型号和线缆直径相符，芯线剪切齐整，不得剪除部分芯线后用小号压线端子压接			
2	压接应牢固，芯线在端子中不可摇动，接线端子压接部分应加热缩套管或缠绕至少两层绝缘胶带，不得将裸线和铜鼻子鼻身露于外部			
3	线缆的户外部分应采用室外型电缆，或采用套管等保护措施，电池组的连线正确可靠，接线柱处加绝缘防护			
4	–48V 电源线采用蓝色电缆，GND 工作地线采用黑色电缆，PGND 保护地线采用黄绿色或黄色电缆，绝缘胶带或热缩套管的颜色需和电源线的颜色一致			
5	机架门保护地线连接牢固，没有缺少、松动和脱落现象，接地铜线端子应采用铜鼻子，用螺母紧固搭接；地线各连接处应实行可靠搭接和防锈、防腐蚀处理，所有连接到汇接铜排的地线长度在满足布线基本要求的基础上选择最短路由			

处理意见：		
施工单位： 签章： 日期：	监理单位： 签章： 日期：	建设单位： 签章： 日期：

5.2.7　GPS 天线安装检查记录表

GPS 天线安装检查记录表如表 5-7 所示。

表 5-7　GPS 天线安装检查记录表

序号	检查内容	检查结果		检查人
		合格	不合格	
1	安装方式：GPS 天线应通过螺栓紧固安装在配套支杆（GPS 天线厂家提供）上；支杆可通过紧固件固定在走线架或者附墙安装，若无安装条件，则需另立小抱杆供支杆紧固			
2	垂直度要求：GPS 天线必须垂直安装，垂直度各向偏差不得超过 1°			

序号	检查内容	检查结果		检查人
		合格	不合格	
3	阻挡要求：天线必须安装在较空旷的位置，周围没有高大建筑物阻挡，GPS 应尽量远离楼顶小型附属建筑，上方 90°范围内（至少南向 45°）应无建筑物遮挡			
4	GPS 天线安装位置应高于其附近金属物，与附近金属物水平距离大于等于 1.5 m，两个或多个 GPS 天线安装时要保持 2 m 以上的间距			
5	安装卫星天线的平面的可使用面积越大越好。一般情况下，要保证天线的南向净空。如果周围存在高大建筑物或山峰等遮挡物体，需保证在向南方向上，天线顶部与遮挡物顶部任意连线，该线与天线垂直向上的中轴线之间夹角不小于 60°			
6	为避免反射波的影响，天线应尽量远离周围尺寸大于 200 mm 的金属物 1.5m 以上，在条件许可时尽量大于 2 m，注意避免置于基站射频天线主瓣的近距离辐射区域，不要位于微波天线的微波信号下方、高压电缆的下方以及电视发射塔的强辐射下。以周边没有大功率的发射设备，没有同频干扰或强电磁干扰为最佳安装位置			
7	防雷接地要求：GPS 天线安装在避雷针 45°保护角内，GPS 天线的安装支架及抱杆必须良好接地			

处理意见：

施工单位： 签章： 日期：	监理单位： 签章： 日期：	建设单位： 签章： 日期：

▶ 任务实施

　　根据掌握的 5G 基站验收知识内容，完成 5G 基站设备验收，包括设备安装验收和硬件功能验收。

　　要求：分组实施；按各验收表格的要求，完成硬件安装检查和硬件功能测试；在各验收表格中记录验收结果，如果有问题应详细记录问题；验收完成后，各方在验收表格中签字，如果有问题，应详细记录，方便后续整改。

5.2.8　电源测试表

　　电源测试表如表 5-8 所示。

表 5-8　电源测试表

测试内容	电源测试（开通测试项目）
预置条件	（1）测试过程中严格注意安全，严禁造成接线端子之间或接线端子与机壳之间短路。 （2）电源工作正常，5G 基站同电源连接，电源上电。 （3）所有单板全部加电
验收标准	（1）电源工作稳定，用数字万用表测量的测量值在以下范围内。 直流供电：–57 V ～ –40 V； 交流供电：140 V AC ～ 300 V AC，45 ～ 65 Hz。 （2）风机正常运转
测试说明	无
测试结果	
是否通过验收	
测试人员	

5.2.9　硬件功能测试表

硬件功能测试表如表 5-9 所示。

表 5-9　硬件功能测试表

测试内容	BBU 单板测试（开通测试项目）
预置条件	（1）基站各单板指示灯状态正常，后台可正常接入。 （2）选择在刚开通时或话务偏低的时段进行测试。 （3）测试过程中插拔单板时戴防静电手环
验收标准	（1）BBU 机架的单板配置齐备，符合要求。 （2）各单板的槽位正确，符合配置规格说明书的要求且固定到位。 （3）上电启动完成后，各单板的指示灯状态正常
测试说明	无
测试内容	AAU 单板测试（开通测试项目）
预置条件	（1）基站 BBU 各单板指示灯状态正常。 （2）BBU–AAU 接口光纤通信正常。 （3）已经完成数据配置。 （4）选择在刚开通时或话务偏低的时段进行测试
验收标准	（1）AAU 配置齐备，符合要求。 （2）AAU 与射频拉远接口板光口的连接关系与实际扇区相符，且收发连接正确。 （3）上电启动正常后，AAU 处于工作状态
测试说明	无
测试结果	
是否通过验收	
测试人员	

5.2.10 倒换和再启动测试表

倒换和再启动测试表如表 5-10 所示。

表 5-10　倒换和再启动测试表

测试内容	系统掉电重启测试
预置条件	（1）基站各单板指示灯状态正常。 （2）OMM 已经正确安装并能正常连接前台。 （3）两部已放号的测试手机。 （4）关电前，在该 gNode B 下，小区中有业务进行（选做）。 （5）选择刚开通时或话务偏低的时段进行测试
测试步骤	（1）手动对基站系统进行掉电操作。 （2）1 min 后，给基站上电，一段时间后发起呼叫业务。 （3）关电前后，检查电源指示灯亮灯情况。 （4）加电后，检查各单板指示灯状态是否正常
验收标准	（1）关电后，业务挂断，资源正常释放。 （2）重新上电后，前后台通信恢复正常。 （3）开电一段时间后，重新发起业务正常。 （4）关电时电源指示灯常灭，整机开电时电源指示灯常亮。 （5）加电后各单板的指示灯状态正常
测试说明	无
测试内容	**单板再启动功能测试**
预置条件	（1）基站各单板在位，且指示灯状态正常。 （2）OMM 已经正确安装并能正常连接前台。 （3）两部已放号的测试手机，发起语音呼叫并保持。 （4）选择刚开通时或话务偏低的时段进行测试
测试步骤	（1）拔插前台各槽位单板（有主备的同时拔插主板和备板），等各单板启动正常后，重新接入业务。 （2）前台复位各槽位单板（有主备的同时复位主板和备板），等各单板启动正常后，重新接入业务。 （3）在 OMM 上对各个单板进行复位操作，等各单板启动正常后，重新接入业务
验收标准	（1）各单板启动正常后，可重新接入的最长时间小于等于 5 min，成功率为 100%。 （2）单板面板指示灯指示正常
测试说明	无
测试内容	**交换板主备倒换功能测试**
预置条件	（1）基站各单板指示灯状态正常。 （2）主备 CC 单板在位。 （3）OMM 已经正确安装并能正常连接前台。 （4）两部已放号的测试手机，发起语音呼叫并保持。 （5）选择刚开通时或话务偏低的时段进行测试
测试步骤	（1）从 OMM 后台使用命令触发主控单板的主备倒换，查看单板上的业务是否保持、M/R 指示灯是否正确。 （2）前台使用主备倒换按钮发起主备倒换，查看单板上的业务是否保持、M/R 指示灯是否正确。 （3）拔出主用单板触发主备倒换，查看单板上的业务是否保持、M/R 指示灯是否正确。 （4）分别从前台和后台复位主控单板触发主备倒换，查看单板上的业务是否保持、M/R 指示灯是否正确
验收标准	（1）主备倒换能够正常进行，倒换前正在进行的业务能够保持。 （2）单板上的 M/R 指示灯能正确指示：常亮表示主用，常灭表示备用
测试说明	无
测试结果	
是否通过验收	
测试人员	

5.2.11 设备清点

与客户共同完成对已安装硬件数量、设备余料、设备备件的清点，包括但不限于机柜、BBU、AAU、光纤、光模块、交换板、基带板、电源模块、风扇模块等。

5.2.12 工程规范性检查

1. 检查要点及流程

（1）资料核查：在验收工作开始前的 3 个工作日提供本期工程的规划站点信息及变更信息，发货表信息及变更信息。

（2）告警核查：保证基站开通入网后正常运行且无告警。

（3）资源录入：建设部门在配置管理平台上对基站信息进行录入。

2. 验收测试

按照制作的表格进行测试，并且正确填写。

 课后复习及难点介绍

5G 基站竣工
验收

✎ **课后习题**

1. 资料核查要求在验收工作开始前多久，并提供什么材料？
2. 简述工程规范性检查的要点和流程。
3. PRRU 不能在哪些环境周边安装进行安装？

任务 3   编制验收资料

设备验收检测完成后，就是收尾工作了。这时候我们需要把整个基站建设过程中以及验收过程中产生的图纸、表格、文档进行归档，并且编写竣工报告。那么验收资料包括哪些？

问题：验收报告涉及哪几方面？

答：验收要求、验收资料、验收表格。

任务描述

验收完成后，应对验收资料进行整理归档，并编写验收报告方便后续检查。通过本任务内容的学习，使学员具备验收资料编制的工作技能。

任务目标

● 能够完成验收资料编制准备。
● 能够完成验收资料签署。
● 能够归档验收资料。

5G 基站验收资料包括但不限于：① 主、配套设备安装检查记录表；② 机房辅助设施检查记录表；③ BBU、AAU 安装检查记录表；④ 电源线安装检查记录表；⑤ 接地线缆安装检查记录表；⑥ 天馈系统及线缆布放检查记录表；⑦ GPS 天线安装检查记录表；⑧ 电源测试记录表；⑨ 硬件功能测试记录表；⑩ 倒换和再启动测试记录表。

具体表格内容可参见任务 2。

任务实施

5.3.1 验收资料编制

5G 基站硬件安装及硬件测试完成后，应按要求及时编制验收资料。验收资料应通过所有相关方确认接受。

在验收开始 3 天前，验收资料需编制完成。

除上文提到的验收表格外，还需准备的验收资料包括：①设备排列图；②线缆布放图；③机房各设备机架图；④机房交流电供电系统图；⑤机房直流供电系统图；⑥机房保护接地系统图。

此外，5G 基站设备验收一般是整个 5G 基站工程验收的一部分，其他工程类验收资料还包括机房建设检查记录、机房装修检查记录、机房空调检查记录、地埋螺栓检查记录、塔桅安装检查记录、工程完工检查记录等。这不属于本书内容，不做详细介绍，学员只做大概了解。

5.3.2 验收报告

按照验收过程，验收表格，编制竣工验收报告。主要涉及以下几方面。

（1）验收要求。

（2）验收资料。

（3）验收表格。

5.3.3 验收资料签署

5G 基站设备验收完成后，现场由各方进行文件签署。5G 基站设备验收一般是整个 5G 基站工程验收的一部分，除了 5G 设备验收，还可能会进行其他工程类相关验收资料的签署。

5.3.4 归档验收资料

现场验收后，相关验收资料进行归档，并召开验收总结会，讨论检查各验收文档，总结经验。如果有遗留问题，需与相关责任单位签署遗留问题备忘录，以便后续整改。

待全部遗留问题解决后，起草并讨论通过验收报告。

课后复习及难点介绍

5G 基站竣工
验收资料编制

 课后习题

验收图纸有哪些？

项目 6

5G 基站业务开通

项目概述

　　完成硬件安装和设备上电后，就可以进行 5G 基站的业务开通，并保证 5G 基站正常工作。本项目介绍 5G 基站业务开通步骤和方法以及基站维护方法。通过本项目的学习，将使学员具备 5G 基站业务开通和基站维护的工作技能。

项目目标

● 能描述 5G 网管架构和功能。
● 能配置 5G 基站数据。
● 能完成 5G 基站业务调测。
● 能完成 5G 基站维护。

知识地图

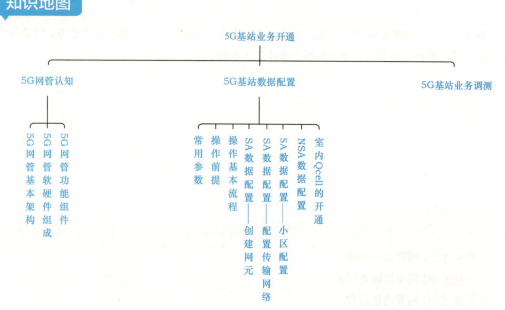

5G基站业务开通

- 5G网管认知
  - 5G网管基本架构
  - 5G网管软硬件组成
  - 5G网管功能组件
- 5G基站数据配置
  - 常用参数
  - 操作前提
  - 操作基本流程
  - SA数据配置——创建网元
  - SA数据配置——配置传输网络
  - SA数据配置——小区配置
  - NSA数据配置
  - 室内Qcell的开通
- 5G基站业务调测

任务 1　5G 网管认知

课前引导

　　基站建设和安装完成之后需要进行基站数据配置，只有基站数据配置正确才能保证基站正常运行和提供服务。5G 基站配置数据主要的方式是通过网管系统进行数据配置，并且网管还能监控基站的运行状态和故障告警信息。5G 网管的架构是什么样的？有哪些功能呢？

任务描述

　　在使用 5G 网管进行相关操作前，需要对其架构进行系统的学习。本任务介绍 5G 网管架构和功能，通过本任务的学习，为后续相关操作打下基础。

任务目标

- 能描述 5G 网管基本架构。
- 能描述 5G 网管软硬件组成。
- 能描述 5G 网管功能组件。

6.1.1　5G 网管基本架构

5G 网管具备以下优点。

（1）Web 方式的用户界面。

（2）统一的网络管理（如 4G / 5G 融合）。

（3）网络智能分析。

（4）开放的 API 接口。

（5）虚拟化部署。

5G 网管采用 NFV 架构，如图 6-1 所示。

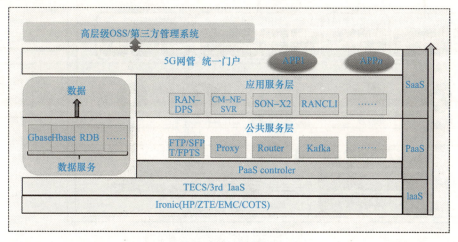

图 6-1　5G 网管架构

SaaS：Software-as-a-Service（软件即服务）。

PaaS：Platform as a service（平台即服务）。

IaaS：Infrastructure as a servic（基础设施即服务）。

SaaS、PaaS 和 IaaS 的解释可参考图 6-2。

6.1.2　5G 网管软硬件组成

5G 网管软硬件部署策略如图 6-3 所示。

底层采用服务器提供基础的 CPU、内存、存储等物理资源，通过平台抽取具体资源形成虚拟网管平台，然后向高层提供网管功能，包括系统管理、自运维管理、智能运维管理和无线应用等 APP 功能，客户端可远程接入 5G 网管。

6.1.3　5G 网管功能组件

5G 网管功能组件如图 6-4 所示。

图 6-2　SaaS、PaaS 和 IaaS

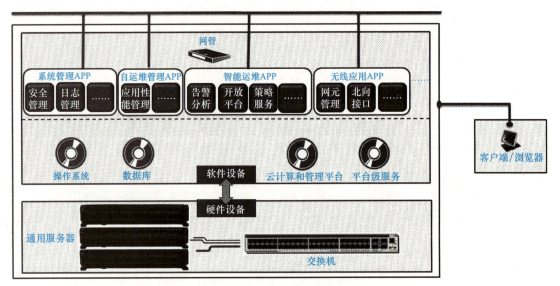

图 6-3　5G 网管硬软件部署策略

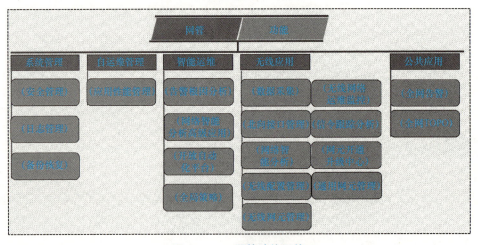

图 6-4　5G 网管功能组件

5G 网管系统组件包括下以几个。

（1）系统管理：提供安全管理、日志管理和备份恢复功能。

（2）自运维管理：提供应用性能管理。

（3）智能运维：提供告警根因分析、网络智能分析高级应用、开发自动化平台和全局策略管理。

（4）无线应用：提供数据采集、北向接口管理、网络智能分析、无线配置管理、无线网元管理、无线网络运维监控、信令跟踪分析、网元开通升级中心和通用网元管理。

（5）公共应用：提供全网告警和拓扑管理。

5G 网管常用功能包括下以几点。

（1）任务说明：任务背景以及规划数据表。

（2）网络规划：规划数据表。

（3）工勘测量：模拟工程勘测及测量。

（4）设备安装：模拟硬件设备的安装。

（5）设备维护：进行数据配置，参数调整。

（6）业务验证：根据配置的数据进行业务的验证，完成任务。

 任务实施

描述以下技术概念。

（1）描述 5G 网管基本架构。

（2）描述 5G 网管软硬件组成。

（3）描述 5G 网管功能组件。

（4）描述 5G 网管常用功能。

要求：分组讨论；使用 PPT 制作演示材料；能够描述清楚相应的概念。

课后复习及难点介绍

5G 网管认知

难点：描述 5G
网管架构和功能

 课后习题

1. 5G 网管常用功能有哪些？

2. 5G 网管系统组件包括哪些？

任务 2　5G 基站数据配置

课前引导

　　5G 基站建设安装完成后，需要对基站进行数据配置和开通。如何配置 5G 基站数据，并保证 5G 基站能够正常运行？如何区分不同运营商的 5G 基站？

任务描述

　　5G 基站数据配置包括配置全局数据、设备数据、传输数据和无线数据，完成数据配置后即可进行数据同步生效。本节介绍 5G 基站数据配置步骤和方法，通过本节内容的学习，将使学员具备 5G 基站数据配置能力。

任务目标

- 掌握 5G 常用参数。
- 掌握数据配置流程。
- 能完成设备数据配置。
- 能完成支撑功能数据配置。
- 能完成传输数据配置。
- 能完成 5GC 数据对接。

知识准备

6.2.1　常用参数

（1）PLMN：公共陆地移动（通信）网络。

PLMN=MCC ＋ MNC

（2）PCI：物理小区 ID，取值范围为 0 ～ 1007

PCI=PSS ＋ 3SSS （PSS 取值为 0 ～ 2，SSS 取值为 0 ～ 335）

（3）SCTP 本端端口号 / 远端端口号：SCTP 协议端口号，本端端口号常用 38412，远端端口号常用 38422。

（4）中心频点：小区使用频点，确定小区的中心频率。

（5）频点带宽：小区带宽，FR1 频段的频率范围是 450 MHz ～ 6 GHz，又称为 sub 6 GHz 频段；FR2 频段的频率范围是 24.25 ～ 52.6 GHz，通常被称为毫米波 (mmWave)。FR1 频段可使用的最大带宽是 100MHz，FR2 频段可使用的最大带宽是 400 MHz。目前现网 5G 主要采用 30 kHz 子载波间隔，带宽是 100 MHz，实际配置根据 5G 场景确定。

（6）每 10 ms 下行资源占比：下行在整个无线帧中所占的比例。与帧结构、符号配比有关。

（7）TAC 跟踪区：有 AMF 分配，若干个小区组成一个 TAC，是寻呼的基本范围。

（8）小区标识：取值为 0 ～ 255，一个基站中的小区 ID 不重复，由集团统一规划。

6.2.2　操作前提

5G 基站数据制作一般都是通过导入规划数据 Excel 表到网管后，自动生成完整数据。

通过介绍手动配置完整的 5G 基站数据，可帮助了解各个参数的含义，以及参数之间的联动关系，便于后续的故障定位及参数修改。

操作前提：数据配置的前提需要前后台建链，若前后台没建链，则无法进行 5G 数据配置；满足前后台建链的基本数据包含交换板、基站 OAM-IP、操作维护通道等。

6.2.3　操作基本流程

前后台建链后，数据配置可在"设备维护"中配置或修改网元。

任务实施

6.2.4　SA 数据配置——创建网元

（1）登录网管界面，如图 6-5 所示。

（2）进入任务模式，如图 6-6 所示。

（3）阅读任务背景，如图 6-7 所示。

（4）单击"设备维护"按钮，进入配置界面，如图 6-8 所示。

图 6-5　登录界面

图 6-6　任务模式

数据规划表	
5GC内部通信IP网段	195.168.111.0~195.168.111.254
5GC内部通信IP地址掩码	255.255.255.0
5GC内部通信接口位置（含UPFN4接口）	xgei_4/1/1/1
配置客户端模板-端口号	2000~3000
配置服务端模板-端口号	8080
5GC-gNB通信端口号	5000~6000

图 6-7　任务背景

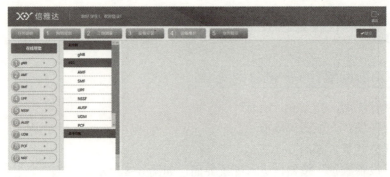

图 6-8　配置界面

（5）选择对应的 gNB 网元，单击"全局参数"进行配置，如图 6-9 所示。

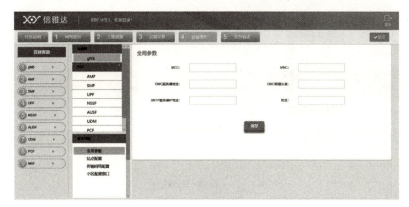

图 6-9　全局参数配置

"MCC"：移动国家码，全球唯一。中国为 460。

"MNC"：移动网络码。各国内运营商唯一，如中国移动为 00。

"OMC 服务器地址"：服务器地址，根据实际的服务器地址填写。

"OMC 前缀长度"：按照网络规划填写。

"SNTP 服务器 IP 地址"：SNTP 服务器用来做时间同步，一般运营商省公司会有 SNTP 服务器。

"时区"：东八区。

（6）单击"站点配置"进行配置，如图 6-10 所示。

"子网 ID"：根据规划填写。

"网元 ID"：根据规划填写，网元 ID 不能重复。

"基站名称"：基站名称不是必配的，可以人为规划。

"网元模型类型"：CUDU，唯一值。

"网元 IP 地址"：基站网元地址，该地址用于和网管通信。

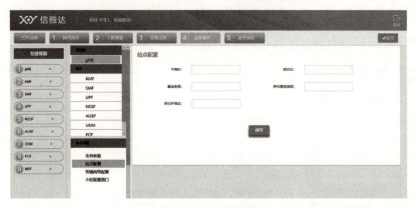

图 6-10　站点配置

6.2.5　SA 数据配置——配置传输网络

单击"传输网络配置"进行配置，如图 6-11 所示。

图 6-11　传输网络配置

"网元 IP 地址"：根据规划填写。

"IP 前缀"：根据规划填写。

"IP 网关地址"：根据规划填写。

"IP 层使用的 VLAN 标识"：用来隔离 IP 层，如果配置多个 IP，那么 VLAN 也需要多个（比如把网管 IP 和业务 IP 分开）。

"偶联号"：根据规划填写。

"SCTP 本端端口号 / 远端端口号"：全网常用的是 38412。

"本端地址 / 远端地址"：根据规划填写。本端地址是网元 IP 地址，远端地址是核心网 AMF 的 IP 地址。

"静态路由配置（目的 IP 地址）"：该地址是核心网 UPF 的 IP 地址。

"静态路由配置（静态路由前缀长度）"：根据规划填写。

"静态路由"：核心网远端 IP 地址和网关不是同一个网段时，需要配置成和远端地址同一个网段，否则不通。

6.2.6　SA 数据配置——小区配置

单击"小区配置窗口"进行配置，如图 6-12 所示。

图 6-12　小区配置窗口

"小区标识"：唯一小区标识，按规划填写。一般由集团统一规划。

"物理小区识别码"：PCI 取值范围为 0 ～ 1007。复用举例内不能重复出现，相邻小区 PCI mod 3 不相等。

"跟踪区码"：一个 AMF 内唯一，由核心网规划。

"频段指示"：指示小区所使用的频段。

"频点带宽"：指示小区带宽。

"切片业务类型"：根据场景配置。

"切片分区"：根据业务填写。

6.2.7　NSA 数据配置

NSA 组网的数据配置和 SA 组网的大体相似，但是需要先配置 LTE 的 eNB 基站，然后配置 gNB 和 eNB 的链接 IP 和端口即可。

6.2.8　室内 Qcell 的开通

开通前的准备如表 6-1 所示。

表 6-1　开通前的准备

开站方式	开站准备工作
PnP 开站	工具：Windows 操作系统的调试电脑、网线软件：VSW 单板 EID
烧录工具开站	工具：Windows 操作系统的调试电脑、网线软件：BS_Burn_Tool 烧录工具、SPU 生成的 LMT 开站包中以网元 ID 命名的 xml 配置文件或者 BCT 生成的 xml 配置文件、版本 tar 包

（1）电脑设置。

（2）版本准备：实际版本需根据现网而定，如图 6-13 所示。

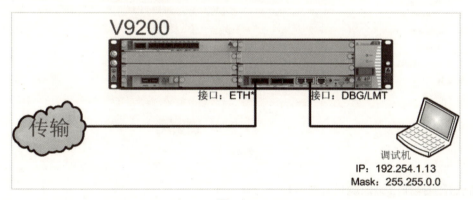

图 6-13

【站点开通操作（PnP 方式开站）】

（1）规模商用发货的 V9200 是具备 PnP 能力的。试点设备，非正规产线发货，初始设置如果不具备 PnP 能力，则需要前台导入 initData-pnp.xml;

（2）步骤 1- 步骤 3 同 WebLMT 临时 IP 开站（1UME 网管版本入库、2UME 网管 SPU 制作点数据、3UME 创建开站任务辅助开站）。

（3）步骤 4 开启 PNP 策略。

开站脚本中 PnP 开关设置:

------- pnpAtfirstStart 指示 pnp 开关,为 1 表示打开,0 表示关闭 -------

```
<SystemFunctions xmlns="urn:zte:params:xml:ns:yang:ran:ManagedElement">
    <PnpPolicy xmlns="urn:zte:params:xml:ns:yang:ran:BSA">
      <moId>1</moId>
      <pnpAtfirstStart>1</pnpAtfirstStart>
      <pnpWaitingseconds>300</pnpWaitingseconds>
    </PnpPolicy>
</SystemFunctions>
```

(4)网管后台 PnP 策略配置。

(5)步骤 5 同 WebLMT 临时 IP 开站步骤 5,基站上电并开启了 PnP 开关后,会自动触发 PnP 开站任务。在网管"SPU—开站管理—开站任务"的开站任务将自动继续执行后续的步骤,如图 6-14 所示。

图 6-14

【站点开通操作(镜像烧录开站)】

(1)步骤 1- 步骤 2 同 WebLMT 临时 IP 开站(UME 网管版本入库、UME 网管 SPU 制作站点数据)。

(2)步骤 3 UME 导出站点数据 XML 辅助开站。

①UME 导出站点数据 XML 辅助开站。

②在数据制作中,选择已导入的 SPU 规划数据表,并选择待开通站点,点击导出 LMT 开站包,如图 6-15 所示。

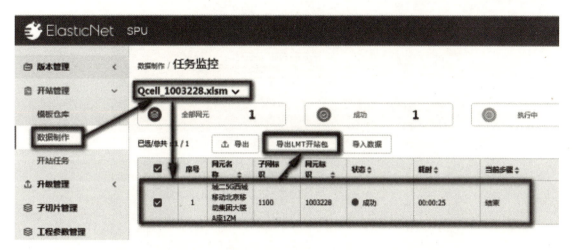

图 6-15

（3）站点配置数据 xml 文件在导出的 *.zip 文件 ---*.tar.gz 目录下的 ITBBU_ 网元 ID_ data.xml。

（4）步骤 4 前台操作。

（5）操作准备。

①笔记本电脑需将网卡速率配置为 100M 全双工；默认为自适应，网卡协商时间过长，会导致无法 bs 到 boot 模式；

②配置电脑 IP 为 192.254.1.13/255.255.0.0，电脑网线连接到 VSW 的 Debug 接口，确认可以 ping 通 VSW 地址 192.254.1.16（槽位 1 配置 VSW 场景，槽位 2 配置 VSW 时，IP 地址为 192.254.2.16）。

③建议调试电脑可用内存大于 1.5G，烧录工具所在磁盘可用空间大于 5G，不然会影响开站效率，需等待较长时间；

④在开启开站烧录工具开站时，关闭所有 FTP 链接；

⑤BS_Burn_Tool.exe 工具推荐放在一个单独的文件夹下，工具会生成一些过程文件和 log；

⑥打开烧录工具。

⑦镜像烧录工具被打包成一个执行文件，双击打开即可，如图 6-16 所示。

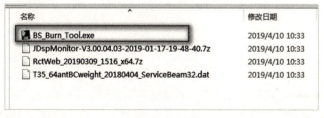

图 6-16

⑧配置烧录工具：网元配置文件 选择站点数据配置 xml 文件（步骤 2 制作的数据）。

⑨版本包：选择站点开通目标版本 tar 包。

⑩调试口 IP：192.254.1.16，如图 6-17 所示。

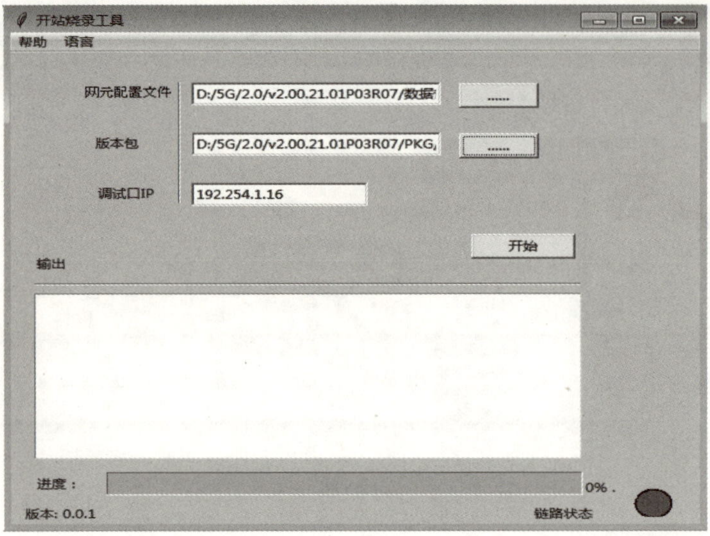

图 6-17

⑪ 执行开站烧录。

a. 点击开始，工具也会尝试 ssh 到基站执行自动复位并 BS 基站。

b. 工具预置了 zte/Itran_2430!@#,itran/Itran_2430!@# 两个用户名密码，如果这两个用户可以登陆到 VSW 单板，则烧录过程全程自动执行，直到开站任务运行结束。

c. 如果这两个账户无法登陆 VSW 单板，则需要按照下页后续步骤执行，如图 6-18 所示。

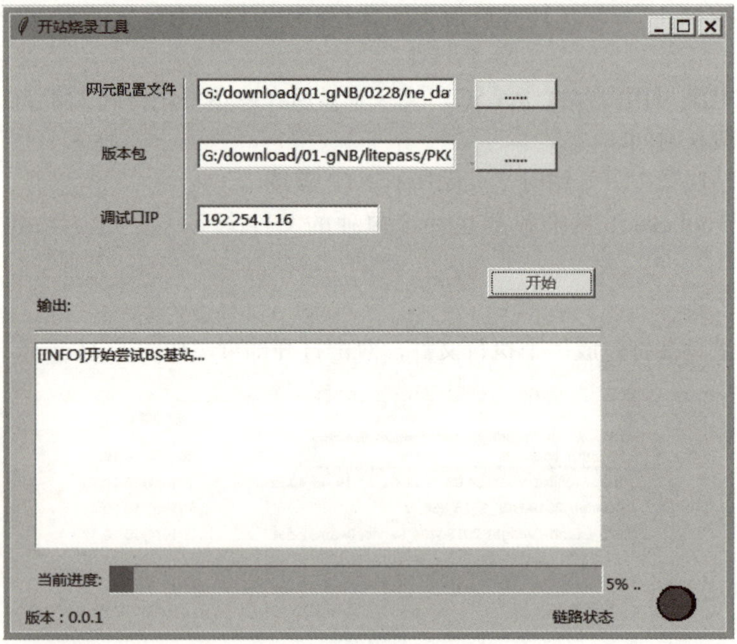

图 6-18

d. 执行开站烧录：如果进不了 bs 状态，会弹出提示框，先不要点击确定；按照提示，可以登录到 VSW 单板使用 reboot 命令复位基站，若不清楚用户名密码，也可以直接掉电复位基站。复位以后，马上回到 attention 对话框点击确定，如图 6-19 所示。

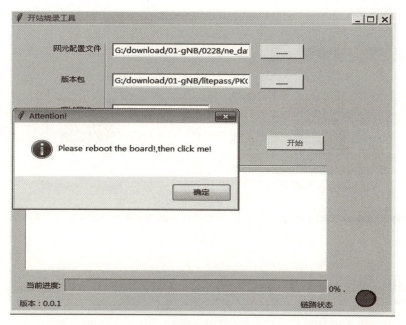

图 6-19

⑫ 开站完成，查看进度条，等待约 10-20 分钟，会提醒开站完成，基站自动完成复位，如图 6-20 所示。

图 6-20

课后复习及难点介绍

5G 基站数据
配置

难点：配置
数据

现网案例

背景：某地网管出现网元闪断现象，网元闪断没有任何规律。

故障排查：查询了网管服务器的 CPU、内存、硬盘容量占用率，都不高。网管也没有其他相关告警，告警站点的覆盖和干扰指标正常。PING 闪断网元的 IP 地址能 ping 通，但是发现对端 MAC 地址和该网元不一致。怀疑 IP 地址冲突，查询该 MAC 地址，发现确实存在一个 IP 相同的网元，产生了 IP 冲突。

总结：开站数据配置的时候存在很多规划参数，配置的时候需要仔细核对，修改规划参数；否则很容易产生冲突或干扰类的问题。

实训单元

1. 网络容量规划

实训目的

（1）掌握频谱效率、扇区下行容量、扇区数量、站点数量的计算方法。

（2）具备规划数据信息分析的能力。

实训内容

（1）阅读任务背景，确定应用场景。

（2）根据任务场景完成网络数据规划。

（3）根据场景需求完成频谱效率、扇区下行容量、扇区数量、站点数量的计算。

实训准备

（1）实训环境准备。

硬件：具备登录实训系统的终端。

资料：《5G 基站建设与维护》教材、《实训系统指导手册》。

（2）相关知识要点。

① 网络规划数据解析。

② 频谱效率、扇区下行容量、扇区数量、站点数量的计算方法。

实训步骤

1）规划数据梳理

（1）打开实训系统，根据要求选择任务卡，并单击对应任务卡中的"接收任务"按钮，完成任务接收，如图 6-21 所示。

图 6-21　选择任务卡

（2）根据弹出的背景描述、规划数据完成任务的数据规划表的梳理，如图 6-22 所示。

图 6-22　背景描述

（3）完成数据填写后，单击"开始任务"按钮进入配置界面

2）频谱效率、扇区下行容量、扇区数量、站点数量的计算

（1）进入配置界面，单击菜单栏中的"网络规划"按钮，如图 6-23 所示。

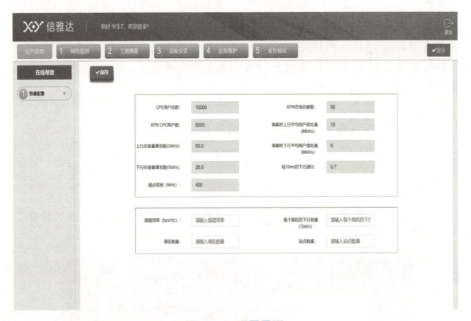

图 6-23　配置界面

（2）根据任务数据完成频谱效率、扇区下行容量、扇区数量、站点数量的计算。

扇区下行容量 = 频谱效率 × 频点带宽 × 每 10 ms 下行资源占比

扇区数量 = 下行总容量请求数 / 扇区下行容量

站点数量 = 扇区数量 /3（值向上取整）

（3）计算完成后将对应的数值输入到实训系统对应的空格内，如图 6-24 所示。

（4）填写完成后单击左上角的"保存"按钮，完成数据保存。

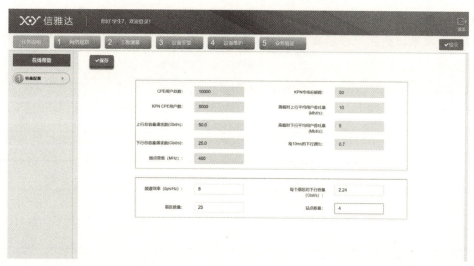

图 6-24　输入数值

评定标准

（1）根据任务背景描述，正确合理地规划数据。

（2）频谱效率、扇区下行容量、扇区数量、站点数量计算数值正确。

实训小结

实训中的问题：_____

_____

_____

问题分析：_____

_____

_____

问题解决方案：_____

_____

_____

结果验证：_____

_____

_____

实训拓展

请接收并完成实训系统中的网络容量规划实训任务。

思考与练习

（1）数据规划的意义是什么？

（2）频谱效率、扇区下行容量、扇区数量、站点数量计算的意义有哪些？计算的背景是什么？

实训评价

组内互评：_____

_____

_____

指导讲师评价及鉴定：_____

_____

_____

2．gNB 设备数据配置

实训目的

（1）掌握 gNB 侧网元开通数据配置。

（2）掌握 gNB 侧与 5GC 对接配置。

（3）具备将规划数据转化为设备配置数据的能力。

实训内容

gNB 设备业务开通数据配置。

实训准备

（1）实训环境准备。

硬件：具备登录实训系统的终端。

资料：《5G 基站建设与维护》教材、《实训系统指导手册》。

（2）相关知识要点。

① BBU 网元数据的配置。

② gNB 网元与 5GC 对接配置。

实训步骤

1）BBU 设备本地维护终端数据配置

（1）打开实训系统，单击菜单栏中的"设备安装"按钮，选择右边的铁塔图标。进入设备安装界面，如图 6-25 所示。

（2）选择机房图标进入机房，单击机房内的计算机图标，如图 6-26 所示。

（3）单击计算机图标显示参数配置界面，进入 LMT 数据配置界面，如图 6-27 所示。

（4）完成数据配置后，单击的"保存"按钮进行数据保存。

图 6-25　安装界面

图 6-26　机房

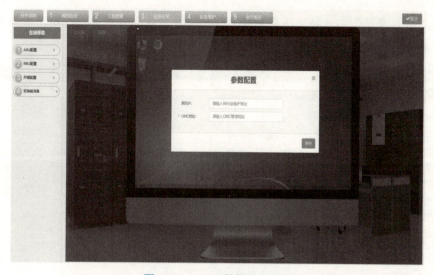

图 6-27　LMT 数据配置界面

2）gNB 网元数据配置

（1）打开实训系统，单击菜单栏中的"设备维护"按钮，进入 gNB 数据配置界面，如图 6-28 所示。

图 6-28　gNB 数据配置界面

（2）在"无线侧"：一栏中选择对应的 gNB 网元，在下方的"命令导航"栏中显示 gNB 所需数据配置的内容，如图 6-29 所示。

图 6-29　gNB 所需数据配置内容

（3）在"命令导航"下选择"全局参数"，显示对应的配置界面，按照任务规划数据进行数据填写，如图 6-30 所示。

图 6-30　全局参数配置界面

（4）在"命令导航"下选择"站点配置"，显示对应的配置界面，按照任务规划数据进行数据填写，如图6-31所示。

图 6-31　站点配置界面

（5）在"命令导航"下选择"传输网络配置"，显示对应的配置界面，按照任务规划数据进行数据填写，如图6-32所示。

图 6-32　传输网络配置界面

（6）在"命令导航"下选择"小区配置窗口"，显示对应的配置界面，按照任务规划数据进行数据填写，如图6-33所示。

图 6-33　小区配置窗口配置界面

（7）在完成 gNB 数据配置后，单击"保存"按钮，进行数据保存。

评定标准

按照任务数据规划表完成正确的数据配置，配合正确的 5GC 数据能够完成正常的业务测试。

实训小结

实训中的问题：＿＿＿＿＿＿＿＿＿＿＿＿＿＿＿＿＿＿＿＿＿＿＿＿＿＿＿＿＿＿＿

＿＿

问题分析：＿＿＿＿＿＿＿＿＿＿＿＿＿＿＿＿＿＿＿＿＿＿＿＿＿＿＿＿＿＿＿＿＿

＿＿

问题解决方案：＿＿＿＿＿＿＿＿＿＿＿＿＿＿＿＿＿＿＿＿＿＿＿＿＿＿＿＿＿＿＿

＿＿

结果验证：＿＿＿＿＿＿＿＿＿＿＿＿＿＿＿＿＿＿＿＿＿＿＿＿＿＿＿＿＿＿＿＿＿＿

＿＿

思考与练习

（1）BBU 设备的开通流程有哪些？

（2）在 5G 三大应用场景下，BBU 的配置数据有区别吗？分别有哪些？

实训评价

组内互评：＿＿＿＿＿＿＿＿＿＿＿＿＿＿＿＿＿＿＿＿＿＿＿＿＿＿＿＿＿＿＿＿＿＿

＿＿

＿＿

指导讲师评价及鉴定：＿＿＿＿＿＿＿＿＿＿＿＿＿＿＿＿＿＿＿＿＿＿＿＿＿＿＿

＿＿

＿＿

 课后习题

1. 5G 物理小区识别码取值范围是多少？

2. 跟踪区码是哪个网元分配的？

3. 开通室分 Qcell 时，如何得到站点数据 XML 文件？

任务3　5G 基站业务调测

当完成 5G 数据配置之后，如何判断 5G 数据配置是否正确，5G 基站是否能正常开通。这就需要进行业务调测，测试业务能否正常运行，从而判断 5G 基站是否正常开通。

问题 1：什么是 eMBB？主要用在什么场景？

答：eMBB 是增强型移动带宽。eMBB 主要是服务于消费互联网的，如 AR/VR、高清视频直播、8K 高清等。对网络的速率要求高，需要大带宽的支持。

问题 2：什么是 uRLLC？主要用在什么场景？

答：uRLLC 是低时延高可靠通信。uRLLC 主要是服务于物联网场景，如车联网、无人机、工业互联网等。对网络的低时延和可靠性的要求均高。

任务描述

5G 基站数据配置完成后，需要对 5G 基站进行业务调测，验证 5G 基站的工作性能是否正常。本任务介绍 5G 基站业务调测步骤和方法，通过本任务内容的学习，将使学员具备 5G 基站业务调测的工作技能。

任务目标

● 能完成 eMBB 业务场景的业务调测。
● 能完成 mMTC 业务场景的业务调测。
● 能完成 uRLLC 业务场景的业务调测。

5G 基站业务验证是在 5G 基站能正常开通的前提下完成的，需要确定整个数据配置过程中所有的参数都配置正确，正确与核心网对接，并且核心网工作状态也是正常的。

任务实施

当完成数据配置后单击"业务验证"按钮，进行业务验证，如图 6-26 ～图 6-28 所示。

图 6-26　eMBB 业务验证

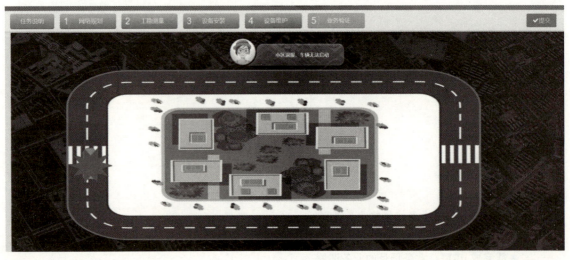

图 6-27　uRLLC 业务验证

图 6-28 mMTC 业务验证

 课后复习及难点介绍

5G 基站业务调测

课后习题

什么是 mMTC？一般用在什么场景？

项目 7

5G 基站维护

项目概述

在移动通信方面，我们作为基建大国的地位无可动摇，但是只有建成基建强国，才能更好的未人们群众和社会各行各业去服务，这就需要在建设完成后，对站点的日常维护有更高的质量要求。5G 基站正常工作后，需要对其进行维护，保证其工作正常。5G 基站维护主要包括维护信息收集、例行维护和日常操作维护。通过本项目的学习，可使学员具备 5G 基站维护的工作技能。

项目目标

- 掌握 5G 基站维护信息的收集。
- 掌握 5G 基站例行维护。
- 掌握 5G 基站日常操作与维护。

知识地图

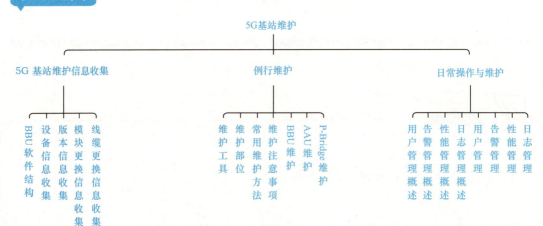

任务 1　5G 基站维护信息收集

课前引导

　　维护信息的收集，对于 5G 网络的例行维护及日常操作是非常重要的一步，能够为 5G 网络的维护提供必要的信息及依据。在维护信息的收集过程中，需要收集哪些信息？这些信息又从哪些渠道来获取？

任务描述

　　为确保 5G 基站维护顺利，需在维护开展前对信息进行收集，即维护信息收集。本任务介绍 5G 基站维护信息的收集规范，主要从 4 个方面展开：一是设备信息收集规范；二是版本信息收集规范；三是模块更换信息收集规范；四是线缆更换信息收集规范。通过本任务内容的学习，将使学员具备 5G 基站维护信息收集的工作技能。

任务目标

- 能完成设备信息收集。
- 能完成版本信息收集。
- 掌握模块更换信息收集。
- 掌握线缆更换信息收集。

7.1.1　BBU 软件结构

BBU 软件结构如图 7-1 所示。

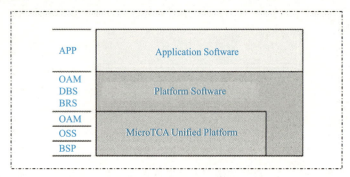

图 7-1　BBU 软件结构

平台软件：主要实现 BSP、OSS 和 OAM 的功能。

适应软件：主要实现 OAM、BRS 和 DBS 的功能。

应用软件：实现 5G 协议功能，包括控制面子系统、用户面子系统、调度器子系统、基带处理子系统等功能模块。

任务实施

7.1.2　设备信息收集

在基站设备维护中，要收集的设备信息如表 7-1 和 7-2 所示。

表 7-1　BBU 维护信息收集表

维护信息收集表			
BBU 名称		北纬	
BBU 类型		东经	
BBU 编号		海拔	
BBU ID（OMC 配置）			
所属行政县、市		机房电话	
机房详细位置描述			
采用菊花链方式（描述链路结构）			

表 7-2　AAU 维护信息收集表

维护信息收集表			
AAU 名称		北纬	
AAU 类型		东经	
AAU 编号		海拔	
AAU ID（OMC 配置）		归属 BBU	
所属行政县、市		机房电话	
机房详细位置描述			
网络规划模式（链路结构描述）			
频点			
安装位置			
对应扇区			
增益（dBi）			

7.1.3　版本信息收集

收集 BBU 和 AAU 的版本信息并进行登记，以便于对 BBU 维护，如表 7-3 所示。

表 7-3　版本信息收集表

模块	版本
交换板	
基带板	
电源板	
风扇板	
AAU	

7.1.4　模块更换信息收集

表 7-4 所示为模块更换数据记录表。

表 7-4　模块更换数据记录表

基站编号			维护人员			
模块名称	模块槽位	故障时间	更换时间	故障模块序列号	更换模块序列号	

7.1.5　线缆更换信息收集

表 7-5 所示为线缆更换数据记录表。

表 7-5　线缆更换数据记录表

基站编号				维护人员		
线缆名称	线缆连接位置	故障时间	更换时间	故障线缆序列号	更换线缆序列号

 课后复习及难点介绍

5G 基站维护
信息收集

课后习题

1. 5G 网络中，BBU 网元内的软件分为 _____ 软件、_____ 软件及 _____ 软件。
2. 设备信息收集中，其中 BBU 与 AAU 的链路结构分为 _____ 和 _____。
3. 版本信息的收集来源是 _____。
4. 模块及线缆更换信息收集的作用是什么？
5. 收集维护信息时，需要收集哪些板件的版本信息？
6. 维护信息的收集对 5G 基站维护的意义是什么？

任务 2 例行维护

在任务 1 中介绍了 5G 基站维护信息的收集，本任务中介绍 5G 基站的例行维护，例行维护是通过定期对设备进行检查从而防止重大故障 / 大规模故障和故障隐患的有效方法。那么在例行维护中，需要维护哪些方面？维护过程中又需要提前做好什么准备？有没有什么特别需要注意的事项呢？

任务描述 ◁

为确保 5G 基站工作正常，需定期对其进行维护，即例行维护。本任务介绍 5G 基站例行维护的步骤和方法，具体任务包含三个：一是 BBU 的例行维护；二是 AAU 的例行维护；三是 P–Bridge 的例行维护。通过本任务内容的学习，将使学员具备 5G 基站例行维护的工作技能。

▷ 任务目标

- 能完成维护工具准备。
- 能叙述维护注意事项。
- 能完成各维护项目。
- 能完成维护记录表。

7.2.1　维护工具

维护工具如表 7-6 所示。

表 7-6　维护工具

工具名称	规格	用途
十字螺丝刀	M6	紧固接地线缆
活动扳手	M10	紧固抱杆夹
内六角扳手	M6	紧固抱杆固定架、扩展固定夹、支座
液压钳	—	压接 OT 端子
剥线钳	—	裁剪线缆外皮
斜口钳	—	拆除波纹管及扎带
温 / 湿度计	—	测量设备表面温度和湿度
地阻仪	—	测量接地地阻
万用表	—	测量供电电压

7.2.2　维护部位

维护设备时，需要检查的部位如下。

1．设备安装部位

重点检查：安装件是否牢靠；设备安装点螺钉是否紧固。

2．设备外表

重点检查：表面是否有锈蚀；表面是否有损伤；表面是否有异物附着。

3．线缆连接

重点检查：线缆连接是否紧固；线缆外表是否有破损。

4．单板

重点检查：通过指示灯状态检查设备运行是否正常。

5．设备表面温 / 湿度

重点检查：设备表面温 / 湿度是否超出范围。

6．接地点

重点检查：设备接地点连接是否紧固。

7.2.3　常用维护方法

本节介绍例行维护中最常用的维护方法，要熟练掌握这些维护方法，因为在实际的设备维护过程中，往往需要结合各种方法。

1. 故障现象分析

一般来说，无线网络设备包含多个设备实体，各设备实体出现问题或故障，表现出来的现象是有区别的。维护人员发现了故障，或者接到出现故障的报告，可对故障现象进行分析，判断何种设备实体出现了问题才导致此现象，进而重点检查出现问题的设备实体。在出现突发性故障时，这一点尤其重要。只有经过仔细的故障分析，准确定位故障的设备实体，才能避免对运行正常的设备实体进行错误操作，缩短解决故障的时间。

2. 告警和日志分析

基站系统能够记录设备运行中出现的错误信息和重要的运行参数。错误信息和重要运行参数主要记录在基站网管服务器的日志记录文件（包括操作日志和系统日志）和告警数据库中。

告警管理的主要作用是检测基站系统、网管服务器节点和数据库以及外部电源的运行状态，收集运行中产生的故障信息和异常情况，并将这些信息以文字、图形、声音、灯光等形式显示出来，以便维护人员能及时了解，并做出相应处理，从而保证基站系统正常可靠地运行。

同时告警管理部分还将告警信息记录在数据库中以备日后查阅分析。通过日志管理系统，用户可以查看操作日志、系统日志，并且可以按照用户的过滤条件过滤日志以及按照先进先出或先进后出的顺序显示日志，使得用户可以方便地查看有用的日志信息。

通过分析告警和日志，可以帮助分析产生故障的根源，同时发现系统的隐患。

3. 信令跟踪分析

信令跟踪工具是系统提供的有效分析定位故障的工具，从信令跟踪中，可以很容易地知道信令流程是否正确，信令流程各消息是否正确，消息中的各参数是否正确，通过分析就可查明产生故障的根源。

4. 仪器仪表测试分析

仪器仪表测试是最常见的查找故障的方法，可测量系统运行指标及环境指标，将测量结果与正常情况下的指标进行比较，分析产生差异的原因。

5. 对比互换

用正常的部件更换可能有问题的部件，如果更换后问题解决，即可定位故障。此方法简单、实用。另外，可以比较相同部件的状态、参数以及日志文件、配置参数，检查是否有不一致的地方。可以在安全时间里进行修改测试，解决故障。

注意：此方法一定要在安全的时间（建议在非节假日的 00：00 ～ 04：00）里进行操作，尽量避开业务高峰时间段和节假日。

7.2.4　维护注意事项

在设备日常维护中，需要注意以下事项。

（1）保持机房的正常温／湿度，保持环境清洁干净，防尘防潮，防止鼠虫进入机房。

（2）保证系统一次电源的稳定可靠，定期检查系统接地和防雷接地的情况，尤其是在雷雨季节来临前和雷雨后，应检查防雷系统，确保设施完好。

（3）建立完善的维护制度，对维护人员的日常工作进行规范。应有详细的值班日志，对系统的日常运行情况、版本情况、数据变更情况、升级情况和问题处理情况等做好详细的记录，便于问题的分析和处理。还应有接班记录，做到责任分明。

（4）维护人员应该进行上岗前的培训，了解一定的设备和相关网络知识，维护操作时要按照设备相关手册的说明来进行，接触设备硬件前应佩戴防静电手环，避免因人为因素而造成事故。

（5）应配备常用的工具和仪表，如螺丝刀（一字、十字）、万用表等。应定期对仪表进行检测，确保仪表的准确性。

（6）经常检查备品备件，要保证常用备品备件的库存和完好性，防止受潮、霉变等情况的发生。备品备件与维护过程中更换下来的坏品、坏件应分开保存，并做好标记进行区分，常用的备品备件在用完时要及时补充。

（7）机房照明应达到维护的要求，平时灯具损坏应及时修复，不要有照明死角，防止给维护带来不便。

（8）发现故障应及时处理，无法处理的问题应及时与相关人员联系。

（9）将维护负责人的联络方法放在醒目的地方并告知所有维护人员，以便在需要支持时能及时联络，注意时常更新联络方法。

（10）涉及电源部分的检查、调整，必须由专业人员进行，否则容易导致人员伤亡和设备故障。

任务实施

7.2.5　BBU 维护

1．维护重点

（1）检查设备外表光洁、无破损，无异物附着。

（2）检查设备连接点安装牢固。

（3）检查线缆连接无破损且连接紧固。

（4）检查单板运行正常。

（5）检查温 / 湿度在正常工作环境下。

（6）检查接地牢固可靠、无氧化腐蚀。

（7）检查外部供电满足设备运行要求。

2．维护周期

维护项目及周期如表 7-7 所示。

表 7-7　维护项目及周期

维护项目	维护周期	使用工具
检查设备外表	每周	无
检查设备连接点	每周	十字螺丝刀、活动扳手、内六角扳手
检查线缆连接	每周	压线钳、剥线钳、斜口钳、
检查温 / 湿度	每月	温 / 湿度计
检查单板	每周	无
检查接地	每月	地阻仪
检查外部供电	每月	万用表

3．检查设备外表

设备外表光洁、无破损，无异物附着，机柜左右通风口 300 mm 内无遮挡是保证散热、通风和设备正常工作的基本要求。

操作步骤：

（1）检查设备外表，确保设备外表光洁，没有破损。

（2）检查设备外表，确保设备外表无氧化、无异物附着，进、出风口无遮挡。

4．检查设备连接点

操作步骤：

（1）检查直流电源分配模块安装点螺钉是否紧固，安装点螺钉部位如图 7-2 所示。

图 7-2　安装点螺钉部位

（2）检查导风插箱安装点螺钉是否紧固，导风插箱安装点螺钉部位如图 7-3 所示。

（3）检查 BBU 设备安装点螺钉是否紧固，BBU 设备安装点螺钉部位如图 7-4 所示。

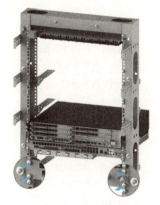

图 7-3　导风插箱安装点螺钉部位

图 7-4　BBU 设备安装点螺钉部位

5．检查线缆连接

操作步骤：

（1）检查电源线缆、光纤、接地线缆和 GPS 射频线缆防护管连接，确保防护管无破损且连接紧固，如图 7-5 所示。

（2）检查 GPS 射频线缆、光纤、接地线缆和电源线缆连接是否紧固，确保连接处无氧化或锈蚀，如图 7-6 所示。

图 7-5　防护管检查

图 7-6　GPS 射频线缆、接地线缆和电源线缆连接检查

（3）检查所有线缆外观，确保线缆无破损，无断裂。

6. 检查单板

单板检查指示灯显示是否正常，如果存在异常，请联系网管工作人员，根据相应的告警建议进行处理。如果单板存在硬件故障问题，请更换相应的单板。

单板指示灯状态说明如表 7-8 ～表 7-11 所示。

表 7-8　交换板指示灯状态说明

指示灯名称	信号描述	指示灯颜色	状态说明	
RUN	运行指示灯	绿色	常亮：加载运行版本 慢闪：单板运行正常 快闪：外部通信异常 灭：无电源输入	
ALM	告警指示灯	红色	亮：硬件故障 灭：无硬件故障	
REF	时钟锁定指示灯	绿色	常亮：参考源异常 慢闪：0.3 s 亮，0.3 s 灭，天馈工作正常 灭：参考源未配置	
MS	主备状态指示灯	绿色	NTF 自检触发 快闪：系统自检 慢闪：系统自检完成，重新按 M/S 按钮，恢复正常工作	
			主备状态指示 常亮：激活状态 灭：备用状态	
			USB 开站状态 慢闪 7 次：检测到 USB 插入 快闪：USB 读取数据中 慢闪：USB 读取数据完成 灭：USB 校验不通过	
ETH1 ～ ETH2	以太网口指示灯	红绿双色	绿	高层链路状态指示 常亮：链路正常 慢闪：链路正常并且有数据收发
			红	底层物理链路指示 常亮：光模块故障 慢闪：光模块接收无光 快闪：光模块有光但链路异常
			灭	灭：光模块不在位 / 未配置
ETH3	以太网口指示灯	绿色	左	链路状态指示 常亮：端口底层链路正常 灭：端口底层链路断开
			右	数据状态指示 常灭：无数据收发 慢闪：有数据传输
DBG/LMT	调试接口指示灯	绿色	左	链路状态指示 常亮：端口底层链路正常 灭：端口底层链路断开
			右	数据状态指示 灭：无数据收发 慢闪：有数据传输

表 7-9　基带板指示灯状态说明

指示灯名称	信号描述	指示灯颜色	状态说明	
RUN	运行指示灯	绿色	常亮：加载运行版本 慢闪：单板运行正常 快闪：与交换单板通信链路断链 灭：无电源输入	
ALM	告警指示灯	红色	亮：硬件故障 灭：无硬件故障	
OF1～OF6	光口指示灯	红绿双色	绿色	高层链路状态指示 慢闪：链路正常
			红色	底层物理链路指示 常亮：光模块故障 慢闪：光模块接收无光 快闪：光模块有光，但帧失锁 灭：光模块不在位或未配置

表 7-10　风扇模块指示灯状态说明

指示灯名称	指示灯颜色	信号描述	状态说明
RUN	绿色	−48V 电源模块状态指示灯	常亮：加载运行版本 慢闪：单板运行正常 快闪：外部通信异常 灭：无电源输入
ALM	红色	−48V 电源模块告警灯	亮：硬件故障 灭：无硬件故障

表 7-11　电源模块指示灯

指示灯名称	指示灯颜色	信号描述	状态说明
PWR	绿色	运行指示灯	常亮：电源正常工作 灭：无电源接入
ALM	红色	告警灯	灭：无故障 常亮：输入过压、输入欠压

7. 检查温 / 湿度

5G 基站部署在机房，可正常工作在 −20 ℃～ 55 ℃的温度和 5%～ 95% 的湿度环境下。
操作步骤：

（1）用温度计测量环境温度，确保温度在设备运行要求范围内。

（2）用湿度计测量环境湿度，确保湿度在设备运行要求范围内。

8. 检查接地

良好的设备接地可以：① 提供干扰信号的泄放路径。例如，把静电、雷击浪涌、高频噪声等干扰信号连接到大地，以得到泄放，从而达到保护设备不被损坏或者降低损伤的目的。② 保护操作环境安全。当设备危险电压与设备金属外壳意外搭接或者漏电时，把外壳与大地相连接，从而使设备外壳电位等同于大地而避免对操作者产生电击的危险。③ 保证设备之间电信号正常传输。当电信号互联时，需要提供参考基准电压，地线充当基准电压。

操作步骤：

（1）检查如图 7-7 所示的接地点连接，确保连接牢固可靠，无氧化腐蚀。

（2）检查保护地排一侧连接，确保连接牢固可靠，无氧化腐蚀。

9．检查外部供电

检查外部供电主要是量取设备供电电压，以便判断是否满足设备运行要求。5G 基站设备支持直流供电，额定电压为 –48V DC。

操作步骤：

（1）将万用表调到直流电压挡。

（2）量取供电单元的 –48V 和 –48V RTN。

① 若电压值在 –57V DC ～ –40V DC 范围内，则设备供电正常。

② 若电压值不在 –57V DC ～ –40V DC 范围内，则需断电，检查供电设备。

图 7-7 接地点检查

10．维护记录表

BBU 需要进行周维护和月维护。BBU 周维护和日维护记录表如表 7-12 和表 7-13 所示。

表 7-12 BBU 周维护记录表

基本信息	维护时间：　　年　　月　　日　　时　　分	
	站点编号：	经度：
	详细位置：	纬度
	维护人员：	
维护项目	**检查标准**	**结果记录**
检查设备外表	（1）设备外表光洁，表面无破损。 （2）设备外表无氧化，无异物附着	
检查线缆连接	（1）电源线缆、GPS 射频线缆、光纤和接地线缆的防护管套接无破损，无松动，无裂纹。 （2）GPS 射频线缆、光纤和接地线缆接口连接紧固，接口处防水部位无破裂。 （3）线缆无破损，无断裂	
检查设备连接点	（1）BBU 机框、直流电源分配模块以及导风插箱安装点螺钉紧固。 （2）设备安装点螺钉紧固。 （3）设备周围安装空间内无异物填塞	
检查单板	单板工作是否正常	

表 7-13 BBU 月维护记录表

基本信息	维护时间：　　年　　月　　日　　时　　分	
	站点编号：	经度：
	详细位置：	纬度
	维护人员：	
维护项目	**检查标准**	**结果记录**
检查温 / 湿度	（1）温度：–20℃～ 55℃。 （2）湿度：5% ～ 95%	
检查接地	（1）设备接地点连接牢固可靠，无氧化腐蚀。 （2）保护地排一侧连接牢固可靠，无氧化腐蚀	
检查外部供电	外部供电电压在 –57V DC ～ –40V DC 范围内	

7.2.6　AAU 维护

1. 检查设备外表

设备外表光洁、无破损、无异物附着是保证散热、通风和设备正常工作的基础。

操作步骤：

（1）检查设备外表，确保设备外表光洁，散热齿无破损。

（2）检查设备外表，确保设备外表无氧化，无异物附着。

2. 检查设备连接点

检查各安装点，确保设备安装牢固。

操作步骤：

（1）检查设备抱杆件固定点所有螺钉是否紧固，如图 7-8 所示，紧固力矩为 40 N·m。

（2）检查刻度盘螺栓是否紧固，如图 7-9 所示，A 处紧固力矩为 4.8 N·m，B 处紧固力矩为 40 N·m。

（3）检查设备的水平和垂直角度，确保 AAU 倾角 / 天线倾角是规划的角度。

图 7-8　紧固固定点螺栓

图 7-9　紧固刻度盘螺栓

3. 检查线缆连接

线缆连接的检查内容是检查线缆是否有破损或松脱。

操作步骤：

（1）检查电源线缆连接，确保电源线缆无破损且连接紧固。

（2）检查接地线缆连接是否紧固，确保连接处无氧化或锈蚀。

（3）检查光纤，确保光纤连接紧固。

（4）检查所有线缆外观，确保线缆无破损，无断裂。

4. 检查温 / 湿度

AAU 部署在室外，外部环境直接影响设备的正常工作。AAU 可正常工作在 −40℃～ 55℃ 的温度和 4%～ 100% 的湿度环境下。

操作步骤：

（1）用温度计测量环境温度，确保温度在设备运行要求范围内。

（2）用湿度计测量环境湿度，确保湿度在设备运行要求范围内。

5. 检查接地

确保设备的接地地阻值小于 5Ω，对于年雷暴日小于 20 天的地区，接地地阻可小于

10 Ω。

良好的设备接地可以：①提供干扰信号的泄放路径。例如，把静电、雷击浪涌、高频噪声等干扰信号连接到大地，以得到泄放，从而达到保护设备不被损坏或者降低损伤的目的。②保护操作环境安全。当设备危险电压与设备金属外壳意外搭接或者漏电时，把外壳与大地相连接，从而使设备外壳电位等同于大地而避免对操作者产生电击的危险。③保证设备之间电信号正常传输。当电信号互联时，需要提供参考基准电压，地线充当基准电压。

操作步骤：

（1）检查设备侧接地点连接，确保连接牢固可靠，无氧化腐蚀。

（2）检查保护地排一侧连接，确保连接牢固可靠，无氧化腐蚀。

6. 检查外部供电

检查外部供电主要是量取设备供电电压，以便判断是否满足设备运行要求。

AAU 设备支持直流和交流供电。

（1）直流：额定电压为 –48 V，电压范围为 –57 V ～ –37 V。

（2）交流：额定电压分别为 100 V，220 V，电压范围为 100 V ～ 240 V。

操作步骤：

（1）依据发货合同明确设备供电类型。

① 若设备为直流供电，则执行步骤 2 和 3，之后任务结束。

② 若设备为交流供电，则执行步骤 4 和 5，之后任务结束。

（2）检查直流供电。

将万用表调到直流电压挡，量取供电单元的 –48 V 和 –48 V RTN。

① 若电压值在 –57 V DC ～ –37 V DC 范围内，则设备供电正常。

② 若电压值不在 –57 V DC ～ –37 V DC 范围内，则需断电，检查供电设备。

（3）检查交流供电。

将万用表调到交流电压挡，量取供电单元的 L 和 N 端子。

① 若电压值在 100 V AC ～ 240 V AC 范围内，则设备供电正常。

② 若电压值不在 100 V AC ～ 240 V AC 范围内，则需断电，检查供电设备。

7. 检查设备运行情况

检查 AAU 设备指示灯，判断设备运行是否正常。AAU 指示灯状态说明如表 7-14 所示。

表 7-14　AAU 指示灯状态说明

指示灯名称	信号描述	指示灯颜色	状态说明
RUN	运行指示灯	绿色	常灭：系统未加电或处于故障状态 常亮：系统加电，但处于故障状态 闪烁（1 s 亮，1 s 灭）：系统处于软件启动中 闪烁（0.3 s 亮，0.3 s 灭）：系统运行正常，与 BBU 的通信正常 闪烁（70 ms 亮，70 ms 灭）：系统运行正常，与 BBU 的通信尚未建立或通信断链
ALM	告警指示灯	红色	常灭：无告警 常亮：有告警
OPT	光接口状态指示	红绿双色	常亮：光模块不在位或者光模块未上电，或者未接收光信号 红色常亮：光模块收发异常 绿色常亮：收到光信号，但未同步 绿色闪烁（0.3 s 亮，0.3 s 灭）：光口链路正常

8. 维护记录表

AAU 只需要进行季度维护，如表 7-15 所示。

表 7-15　AAU 季度维护记录表

基本信息	维护时间：　　年　　月　　日　　时　　分		维护人员：
	设备名称：		站点名称：
	站点纬度：		站点经度：
	站点详细位置描述：		
维护项目	**检查标准**		**结果记录**
检查设备外表	（1）设备外表光洁，表面无破损。 （2）设备外表无氧化，无异物附着		
检查线缆连接	（1）电源线缆和信号线缆防护管套接无破损，无松动，无裂纹。 （2）信号线缆和接地线缆接口连接紧固，接口处防水部位无破裂。 （3）线缆无破损，无断裂		
检查设备连接点	（1）设备抱杆件固定点螺钉紧固。 （2）设备刻度盘螺栓紧固		
检查温 / 湿度	（1）温度：−40℃〜55℃。 （2）湿度：4%〜100%		
检查接地	（1）设备接地点连接牢固可靠，无氧化腐蚀。 （2）保护地排一侧连接牢固可靠，无氧化腐蚀		
检查外部供电	（1）直流：外部供电电压在 −57V〜−37V。 （2）交流：设备支持 100V，220V 供电，电压范围为 100V〜240V		

7.2.7　P-Bridge 维护

1. P-Bridge 基本维护信息收集表

在 P-Bridge 设备维护中，要收集的设备信息参见表 7-16。

表 7-16　P-Bridge 维护信息收集表

维护信息收集表			
P-Bridge 名称		北纬	
P-Bridge 类型		东经	
P-Bridge 编号		海拔高度	
所属行政县、市		机房电话	
P-Bridge 的 ID（网管配置）			
机房详细位置描述			
采用链路方式（描述链路结构）			

2. P-Bridge 例行维护

例行维护是指对设备定期进行预防性维护检测，使设备长期处于稳定运行状态。P-Bridge 例行维护工作主要包括以下两方面内容：

• 定期维护检测工作。

按技术规范及设备部件的技术要求，定期、有计划地用规定的各种网管操作或使用必要的仪器、仪表，按照规定的操作步骤和方法，对P-Bridge设备的运行情况、应具备的各种功能、P-Bridge设备重要性能指标及P-Bridge设备硬件的完好情况等进行例行检查和测试。

　　•定期检查、清理工作。

　　对P-Bridge设备及附属设备的硬件部分逐一检查，若发现问题，立即予以调整、补正或更换，以确保设备的硬件完好。对设备中某些防尘要求高或易损的部件，应进行定期的维护保养及清洁工作。其它外围设备的重要部件，应定期进行清洁，保证运行正常。

　　各种定期检查维护工作，应按照实际情况，制定合理的维护工作周期表，按规定的维护周期实施。

　　例行维护是各种定期检查维护工作，目的是使设备处于最佳运行状态，满足用户的业务需求，做到防患于未然。

　　设备例行维护包含但不限于以下项目：

　　•设备工作环境检查。

　　•告警系统维护。

　　•电源的运行情况检查。

3. P-Bridge定期维护维护项目

（1）日维护项目

P-Bridge设备的每日例行维护项目参见表7-17。

表7-17　日维护项目

项目	子项目	内容
告警和通知检查	告警信息处理	从网管终端检查从上次检查到当前时间所有告警，并按 告警等级进行分类处理。
	通知信息处理	对频繁出现的通知信息进行分析，一般的通知消息可以忽略。
故障处理	常见故障处理	处理告警信息中的常见故障，如单板故障等。
	用户投诉故障处理	对用户反应的网络质量问题等进行分析处理。

（2）月维护项目

P-Bridge设备的每月维护项目参见表7-18。

表7-18　月维护项目

项目	项目详细说明
检查温度和湿度	检查设备和机房的温度和湿度。温度在网管的告警管理系统中检查，湿度用专用的湿度计检测。
检查模块运行状况	在网管的告警管理系统中检查，对于有问题的模块可以通过诊断测试系统检查。
检查语音业务、数据业务	在P-Bridge现场用终端进行测试，同时进行业务观察，测绘各个扇区的业务情况，检查是否有掉线、断续、吞吐量异常等 现象。
检查电源的运行情况	主要检查给P-Bridge的供电情况。

（3）季度维护项目

P-Bridge设备的每季度例行维护项目参见表7-19。

表 7-19 季度维护项目

项目	项目详细说明
检查接地地阻值和地线连接	• 使用地阻测试仪进行地阻测量，检查是否合格。 • 检查每个接地线的接头是否有松动现象和老化程度。
检查网线和光纤的连接	检查每个网线和光纤是否有松动现象。

（4）半年维护项目

P-Bridge 设备的半年例行维护项目参见表 7-20。

表 7-20 半年例行维护项目

项目	内容	备注
防雷接地	检查设备工作地 检查机房保护地 检查基站接地干线 检查建筑防雷地 测试各类接地电阻	台风、雷雨等自然灾害前后应增加一次检查。设备如果放在室内，可以不用检查防雷。

（5）年维护项目

P-Bridge 设备的每年例行维护项目参见表 7-21。

表 7-21 年维护项目

项目	项目详细说明
检查机箱清洁和气密性	使用吸尘器、毛巾等对机箱外表进行清洁，特别注意不要误动 开关或者接触电源。打开机箱后检查机箱有无进水，检查机箱上下盖之间密封性好坏。

4．P-Bridge 维护记录表

（1）日维护记录表

P-Bridge 设备的日维护记录表参见表 7-22。

表 7-22 日维护记录表

日维护记录表				
值班日期： 年 月 日				
值班时间：时至 时	交班人：		接班人：	
基站当前告警处理记录				
站点编号	告警内容	告警发生时间	告警结束时间	备注

基站异常历史告警记录		
站点编号	异常告警内容及处理	备注
基站异常历史通知记录		
站点编号	异常通知内容及处理	备注
用户投诉处理情况		
站点编号	投诉内容及处理	备注

交接班内容：

班长核查：

（2）月维护记录表

P–Bridge 设备的月维护记录表参见表 7–23。

表 7–23　月维护记录表

月维护记录表			
维护时间：　　年　月　日　时		维护人：	
检查项目	情况记录	处理办法	备注
核对基站位置参数是否和实际一致			
设备机架是否清洁			
走线架是否牢固			
光纤及各种接头是否接触良好			
检查设备指示灯状态是否正常			
检查温度和湿度			
检查语音业务、数据业务			
检查接地、防雷系统			
备品备件	备品备件是否齐全完好	□是 □否	
班长核查：			

（3）季度维护记录表

P–Bridge 设备的季度维护记录表参见表 7–24。

表 7–24　季度维护记录表

季度维护记录表		
设备名称：	维护时间：　　年　月　日	
维护人员：		
项目	状况	备注
P-Bridge 模块运行状况	□正常 □不正常	
数据业务	□正常 □不正常	
电源的运行情况	□正常 □不正常	
接地、防雷系统	□正常 □不正常	如果设备安装在室内，可以不用检查防雷系统。
接地电阻阻值测试及地线	□正常 □不正常	
网线和光纤的连接	□正常 □不正常	
风扇模块防尘组件的清理	□已清理 □未清理	

故障情况及其处理：
遗留问题：
班长核查：

（4）半年维护记录表

P-Bridge 设备的半年维护记录表参见表 7-25。

表 7-25　半年维护记录表

半年维护记录表		
维护时间：　　年 月 日 时	维护人：	
检查项目	检查结果	备注
设备工作地是否连接可靠	□是 □否	
机房保护地是否连接可靠	□是 □否	
基站接地干线是否可靠	□是 □否	
接地地阻测试	地阻：	
故障情况及其处理：		
遗留问题：		
班长核查：		

（5）年维护记录表

P-Bridge 设备的年维护记录表参见表 7-26。

表 7-26　年维护记录表

年维护记录表		
设备名称：	维护时间：　　年　月　日	
维护人员：		
项目	状况	备注
机箱清洁	□正常 □不正常	
温度、湿度	□正常 □不正常	
模块运行状况	□正常 □不正常	
语音业务和数据业务	□正常 □不正常	
电源的运行情况	□正常 □不正常	
检查接地、防雷系统	□正常 □不正常	如果设备安装在室内，可以不用检查防雷系统。
接地电阻阻值及地线	□正常 □不正常	
网线和光纤的连接	□正常 □不正常	
故障情况及其处理：		
遗留问题：		
班长核查：		

（6）突发故障处理记录表

P–Bridge 设备的突发故障处理记录表参见表 7–27。

表 7–27　突发故障处理记录表

突发故障记录表	
局名：	处理人：
发生时间：	解决时间：
故障来源：□用户电告 □告警系统 □日常例行维护中发现 □其他	
故障类别：	
故障描述：	
处理方法：	
结果：	
负责人意见：	

（7）模块更换数据记录表

P-Bridge 设备的模块更换数据记录表参见表 7-28。

表 7-28　模块更换数据记录表

模块更换数据记录表					
基站编号：			维护人员：		
模块名称	模块槽位	故障时间	更换时间	故障模块序列号	更换模块序列号

（8）线缆更换数据记录表

P-Bridge 设备的线缆更换数据记录表参见表 7-29。

表 7-29　线缆更换数据记录表

线缆更换数据记录表					
基站编号：			维护人员：		
线缆名称	线缆连接位置	故障时间	更换时间	故障线缆序列号	更换线缆序列号

课后复习及难点介绍

例行维护

实训单元

实训目的

（1）掌握 5G 基站 BBU 的例行维护规范。

（2）掌握 5G 基站 AAU 的例行维护规范。

实训内容

（1）BBU 例行维护。

（2）AAU 例行维护。

实训准备

（1）实训环境准备。

硬件：5G 基站实体设备。

资料：《5G 基站建设与维护》教材、《实训系统指导手册》。

（2）相关知识要点。

①BBU 的线缆连接。

②AAU 的线缆连接。

③BBU 及 AAU 相关的硬件知识。

实训步骤

1．BBU 的例行维护操作

（1）准备 BBU 维护的工具。

（2）根据 BBU 例行维护的规范进行维护检查。

（3）填写 BBU 周维护记录表及月维护记录表。

2．AAU 的例行维护操作

（1）准备 AAU 维护的工具。

（2）根据 AAU 例行维护的规范进行维护检查。

（3）填写 AAU 季度维护记录表。

评定标准

（1）根据任务描述及实施，结合现场情况填写 BBU 维护记录表，数据正确。

（2）根据任务描述及实施，结合现场情况填写 AAU 维护记录表，数据正确。

实训小结

实训中的问题：＿＿＿＿＿＿＿＿＿＿＿＿＿＿＿＿＿＿＿＿＿＿＿＿＿＿＿＿＿＿

＿＿＿＿＿＿＿＿＿＿＿＿＿＿＿＿＿＿＿＿＿＿＿＿＿＿＿＿＿＿＿＿＿＿＿＿＿

问题分析：＿＿＿＿＿＿＿＿＿＿＿＿＿＿＿＿＿＿＿＿＿＿＿＿＿＿＿＿＿＿＿＿

＿＿＿＿＿＿＿＿＿＿＿＿＿＿＿＿＿＿＿＿＿＿＿＿＿＿＿＿＿＿＿＿＿＿＿＿＿

问题解决方案：＿＿＿＿＿＿＿＿＿＿＿＿＿＿＿＿＿＿＿＿＿＿＿＿＿＿＿＿＿＿

＿＿＿＿＿＿＿＿＿＿＿＿＿＿＿＿＿＿＿＿＿＿＿＿＿＿＿＿＿＿＿＿＿＿＿＿＿

结果验证：＿＿＿＿＿＿＿＿＿＿＿＿＿＿＿＿＿＿＿＿＿＿＿＿＿＿＿＿＿＿＿＿

＿＿＿＿＿＿＿＿＿＿＿＿＿＿＿＿＿＿＿＿＿＿＿＿＿＿＿＿＿＿＿＿＿＿＿＿＿

实训拓展

请接收并完成实训系统中的设备维护任务。

思考与练习

（1）例行维护的意义是什么？

（2）BBU 及 AAU 设备的外部供电要求、方式有哪些？

实训评价

组内互评：＿＿＿＿＿＿＿＿＿＿＿＿＿＿＿＿＿＿＿＿＿＿＿＿＿＿＿＿＿＿＿＿

＿＿＿＿＿＿＿＿＿＿＿＿＿＿＿＿＿＿＿＿＿＿＿＿＿＿＿＿＿＿＿＿＿＿＿＿＿

＿＿＿＿＿＿＿＿＿＿＿＿＿＿＿＿＿＿＿＿＿＿＿＿＿＿＿＿＿＿＿＿＿＿＿＿＿

指导讲师评价及鉴定：＿＿＿＿＿＿＿＿＿＿＿＿＿＿＿＿＿＿＿＿＿＿＿＿＿＿

＿＿＿＿＿＿＿＿＿＿＿＿＿＿＿＿＿＿＿＿＿＿＿＿＿＿＿＿＿＿＿＿＿＿＿＿＿

＿＿＿＿＿＿＿＿＿＿＿＿＿＿＿＿＿＿＿＿＿＿＿＿＿＿＿＿＿＿＿＿＿＿＿＿＿

 课后习题

1．5G 基站的例行维护中，需要准备的工具有哪些？它们分别有什么作用？

2．请列出不少于 3 种 5G 基站常用的维护方法。

3．在 5G 基站的维护过程中，有哪些需要注意的事项？

4．请列出 BBU 例行维护的重点部位有哪些。

任务3　日常操作与维护

课前引导

　　在 5G 基站的维护方法中，除了任务 2 介绍的例行维护，还有一种是通过网管来实现的，它又是什么呢？有哪些功能可以来实现？

任务描述

　　本任务介绍 5G 基站的日常操作与维护，主要通过 5G 网管完成操作，本任务包含 4 个方面，一是熟练使用网管用户管理的常用操作；二是熟练使用告警管理的常用功能；三是熟练使用性能管理功能；四是熟练使用日志管理的常用操作。

任务目标

- 使用用户管理功能创建、删除、修改 5G 网管账号。
- 使用告警管理功能监控 5G 基站告警。
- 使用性能管理功能提取网络 KPI。
- 使用日志管理功能查询日志记录。

7.3.1　用户管理概述

用户管理以基于角色的访问控制为基础。用户首先创建角色，然后创建基于用户的角色。用户管理支持创建、修改和删除用户，并记录登录历史。

用户管理可确保用户合法使用系统。当操作员进行网络管理操作时，具体而合理的用户角色关系可为其提供安全保障。

登录身份认证可防止非法用户进入系统，而操作身份认证则可对用户角色进行限制。用户可以查询其权限分配信息。

用户是指登录和使用网管系统的操作人员。在创建用户时，系统管理员通过指定用户角色来定义该用户的访问权限。除管理员外，其他用户都不能修改自己的权限。用户所能进行的操作受其权限控制。网管通过角色管理和用户管理，保障了系统安全。

系统管理员可以限制用户进行某项操作，即如果管理员限制某用户组执行某个操作，那么即使该组的某个用户拥有另一用户组（一个用户可以同时属于多个用户组）的权限，该用户也不能执行被限制的操作。

1. 支持创建、修改和删除用户

（1）创建用户：定义用户名、密码、密码期限、密码长度、用户其他信息（如 E-mail 地址、电话号码等）、用户角色和操作权限。

（2）修改用户：修改某个用户的用户名、密码、密码期限、密码长度、其他信息（如 E-mail 地址、电话号码等）、用户角色和操作权限。

（3）删除用户：删除指定用户。

2. 登录策略

登录策略定义登录时间间隔、登录失败次数、登录超时时间、登录尝试次数、登录失败延迟和账号锁定策略。

7.3.2　告警管理概述

告警管理实现对告警数据的实时采集和集中监控，有助于运维人员快速地发现网络问题和定位故障。

1. 相关概念

（1）告警属性：告警属性主要包括告警码、告警名称、告警级别和告警类型。

① 告警码：告警系统为每个告警定义了一个告警码，用于区分告警的标识。

② 告警名称：用于简洁直观地反映故障原因、现象等内容。

③ 告警级别：按严重程度可分为 4 级。

严重：此类告警造成整个系统无法运行或无法提供业务，需要立即采取措施恢复和消除。

主要：此类告警造成系统运行受到重大影响或者系统提供服务的能力严重下降，需要尽快采取措施恢复和消除。

次要：此类告警对系统正常运行和系统提供服务的能力造成不严重的影响，需要及时采取措施恢复和消除，以避免产生更加严重的告警。

警告：此类告警对系统正常运行和系统提供服务的能力造成潜在的或者趋势性的影响，需要适时进行诊断并采取措施恢复和消除，以避免产生更加严重的告警。

在告警的级别定义中，影响范围仅指单项指标影响，即在某一项指标如可靠性、安全性等影响范围达到规定范围，就可初步确认该告警的级别。如果一个告警项对几个指标都有影响要考虑级别的升级。

（2）告警原因：罗列出可能产生该告警的各种原因。给出告警原因的目的是希望通过了解告警的触发条件，及时获得排除故障的方式和预防措施，以使系统尽快恢复正常。

（3）系统影响：列出该告警可能对系统或业务造成的影响和后果。

（4）处理建议：有针对性地给出能够排除告警的措施和建议。处理告警时需注意以下几点。

① 操作维护人员记录下问题和故障现象后，按照本节的相关处理方法，按顺序进行处理。若无特殊说明，在每一个处理步骤完成后，如果故障排除（即告警恢复），则结束告警处理；若故障没有排除，则进入下一步骤。

② 如果告警无法处理或无法恢复，请及时联系技术支持。

2．主窗口介绍

下面介绍告警管理监控主窗口的界面入口、界面呈现和界面的组成、各组成部分的具体功能。进入"告警管理"界面，在告警主页面的导航栏选择"当前告警"→"告警监控"，打开告警监控页面，如图 7-10 所示。

图 7-10　告警管理监控页面

告警管理监控页面由高级筛选、查询条件、刷新三部分组成。

（1）高级筛选。

① 维护人员可对当前告警与历史告警进行查询与监控。

② 维护人员可根据网元查询告警信息。

③ 维护人员可根据多种方式对系统告警信息进行统计。

（2）当前告警。当前告警区域中显示系统中所有正在发生且未清除的当前告警。

（3）历史告警。历史告警区域中显示告警监控窗口打开后生成的历史告警。

7.3.3　性能管理概述

性能管理负责网络的性能监视和分析。通过分析从网元采集到的各种性能数据，了解网络的运行情况，为操作人员和管理部门提供详细信息，指导网络规划和调整，改善网络运行的质量。性能测量指标包括以下几种。

（1）性能计数器：通过计数方式反映网元某种指标，如呼叫成功次数。

（2）关键性能指标（KPI）：评估网络性能和稳定性的关键性能指标，通过计数器计算得到。

（3）普通性能指标（PI）：评估网络性能，类似 KPI，但重要性低，通过计数器计算得到。

7.3.4　日志管理概述

1．日志种类

5G 基站的日志类型有以下几种。

（1）操作日志。操作日志记录是指在接口上发起的用户操作的日志，如增加、删除网元，或修改网元参数。通过一些接入模式如客户端进行的操作也会被记录。日志项中采用了一个标记来指示操作是成功还是失败。

（2）系统日志。系统日志记录了在服务器后台进行的一些操作，如性能数据定时采集和定时备份任务。例如，在网元上报性能数据的时候，若有通知发给 UME，数据就可以上报，UME 则记录系统日志。系统日志在服务器和客户端上提供了接口，处理模式和用于操作日志的一样。

（3）安全日志。安全日志记录了用户的登录信息：登录成功、失败和失败原因。此类型的日志在服务器上也提供了接口。安全日志仅记录一个操作时间，即安全日志仅需要记录一次。在不同接入模式下，安全日志当前需要被记录。

（4）事件报告日志。除了以上 3 种类型的日志，事件报告也记录在告警库中。事件报告日志是指事件消息上报时的日志。例如，当告警事件上报时，日志生成。目前，上报的事件是记录在归属的模块中，如告警事件是记录在告警模块的数据库中的。

2．日志分级

基站对每条日志根据严重程度定义安全级别，以便支持过滤器功能，只有设定级别的日志才会发送到日志服务器。安全日志记录级别划分为 7 级，具体如表 7-30 所示。

表 7-30　日志等级

等级	命名	说明
0	EMERGENCY	仅发送 EMERGENCY 等级的日志
1	ALERT	发送 EMERGENCY、ALERT 等级的日志
2	CRITICAL	发送 EMERGENCY、ALERT、CRITICAL 等级的日志
3	ERROR	发送 EMERGENCY、ALERT、CRITICAL、ERROR 等级的日志
4	WARNING	发送 EMERGENCY、ALERT、CRITICAL、ERROR、WARNING 等级的日志
5	NOTICE	发送 EMERGENCY、ALERT、CRITICAL、ERROR、WARNING、NOTICE 等级的日志
6	INFO	发送 EMERGENCY、ALERT、CRITICAL、ERROR、WARNING、NOTICE、INFO 等级的日志

▷ 任务实施

7.3.5　用户管理

1．用户账号规则管理

用户可以查看和定制登录密码长度、用户密码策略，还可以定义最大 / 最小密码长度、设置账号限制规则，包括账号锁定状态和锁定规则。用户还可以定义密码输入错误次数和释放时间，以及进行账号过期检查和密码过期检查。

用户可以设置连续授权失败次数，例如，如果授权失败 5 次，系统将禁止此用户登录，从而防止非法用户登录系统。

可以设置密码策略：

（1）密码至少应包含 6 个字符。

（2）密码至少应包括以下 4 类字符中的 3 类：数字、小写字母、大写字母和其他字符。

（3）强制更改首次登录密码或定期更改密码。可以存储用过的密码，以确保用户不再使用旧密码。

2. 登录用户管理

（1）登录时间段。网管系统可以为用户设置登录时段，用户只能在指定时段登录。

（2）强制断开用户连接。超级管理员可以强制断开登录用户的连接，以防止非法操作，确保系统安全。

（3）为超级管理员设置登录 IP 地址范围。超级管理员登录后，可以执行任何操作而不受限制。为了规范和控制管理员的登录范围，允许为超级管理员设置特定的登录 IP 地址范围，超级管理员只能登录到此范围内的 IP 地址，即使用户名和密码都正确，也不能登录到该范围以外的任何 IP 地址。

（4）修改所有用户密码。超级管理员可以修改除管理员以外的任何用户的密码。可以将所有用户的密码修改为统一密码。这种密码修改方式有助于超级管理员统一管理初始用户密码，防止其他用户（特别是非法用户）登录，以便更好地确保系统安全。

（5）查看用户锁定详情和解锁用户。管理员可以实时了解锁定用户的详细信息，并根据需要解锁任何锁定用户。该系统还提供了一个具有自动解锁功能的锁定用户，用户可以利用该功能根据账号锁定限制规则自定义自动解锁时间。

（6）接口锁定。若终端接口在一段时间内没有任何操作，则该终端被自动锁定，用户必须重新登录，以防非法用户操作该终端。用户还可以手动锁定终端防止非法操作。

3. 用户授权

网管可对系统用户进行授权和认证。该系统为不同用户分配不同的操作权限和访问资源。可防止未经授权的用户误操作或对关键数据进行恶意破坏。

网管用户授权以基于角色的访问控制为基础。用户首先创建角色，然后创建基于用户的角色。支持多系统用户统一管理。

"角色"定义为分配给用户的管理和操作权限。实际上，一组用户的权限是通过为他们指定操作和资源来定义的。

（1）操作员可以为指定角色提供可用的网管功能模块。例如，对于日志管理，操作员可以规定是否允许用户查询或维护日志。

（2）操作员可以指定发布者能够操作的子网或子网的特定网元。

（3）在网管系统中，只有获得授权的操作员才能通过网管系统配置和管理基站。操作员可以在网管上完成基站的所有操作，包括配置、版本管理、诊断、告警统计、KPI 统计等。

角色是一组操作范围和资源范围。同一个角色可以分配给不同用户。角色管理实现以下功能：创建角色、复制角色、查询和分配角色、修改角色、锁定角色、删除角色。

网管系统设计了一些默认角色，如表 7-31 所示。

表 7-31　网管默认角色

角色名称	访问级别
系统管理员	全系统特许访问
安全管理员	管理或维护系统用户账号
系统维护员	除安全信息维护权限外的系统特许访问权限
系统操作员	系统配置与修改权限
系统监控员	系统信息浏览权限

7.3.6　告警管理

1. 查询当前告警

用户可以在告警发生时，在网管上进行当前告警的查询，从而了解当前网络的告警信息。

操作步骤：

（1）登录 5G 网管，在"网络监控"中打开"告警管理"模块，如图 7-11 所示。

图 7-11　网络监控页面

（2）进入"告警管理"界面，在告警主页面的导航栏选择"当前告警"→"告警监控"，打开告警监控页面。

（3）单击"高级筛选"按钮，如图 7-12 所示。

图 7-12　当前告警查询页面

（4）根据需要选择设置一个或多个条件，如图 7-13 ～图 7-15 所示。

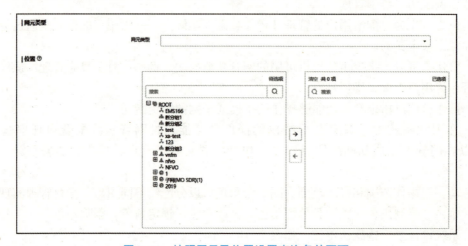

图 7-13　按照网元及位置设置查询条件页面

图 7-14　按照告警码或告警名称设置查询条件页面

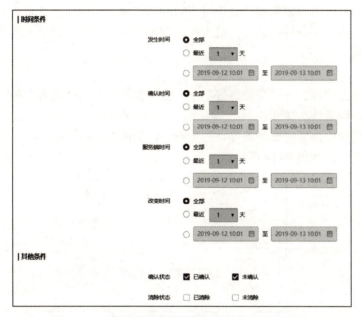

图 7-15　按照时间或其他条件设置查询条件页面

（5）单击"查询"按钮开始查询，如图 7-16 所示。

图 7-16　查询显示页面

2．按告警级别进行查询

系统初始化时设置了每条告警的默认告警级别，按告警级别的查询可以根据需要查询特定级别的告警，方便维护人员进行相关的维护。

操作步骤：

（1）选择"告警管理"→"当前告警"→"告警监控"，打开告警监控页面。

（2）按告警级别（严重、主要、次要和警告）分类查询，查询结果如图 7-17 所示。

图 7-17　按告警级别查询页面

3．按已有查询条件进行查询

按已有条件的查询可以根据需要查询特定时间的告警，方便维护人员进行相关的维护，系统默认提供 3 种默认查询条件：所有、最近一天和最近两天。用户自定义的查询保存后，也会在查询条件的选项中。

操作步骤：

（1）选择"告警管理"→"当前告警"→"告警监控"，打开告警监控页面。

（2）单击"查询条件"按钮。

（3）在下拉菜单中选择需要的条件，开始查询，如图 7-18 所示。

（4）告警查询结果如图 7-19 所示。

图 7-18　按已有查询条件查询页面

图 7-19　按已有查询条件查询显示页面

4．查询历史告警

历史告警监控则反映了系统中已经得到处理和恢复的告警信息，可以帮助维护人员对网络中的故障信息进行定位。

操作步骤：

（1）选择"告警管理"→"历史告警"→"告警查询"。

（2）查询方法同查询当前告警一样，如图 7-20 所示。

图 7-20 历史告警查询显示页面

5. 查看告警详细信息

本节介绍查看告警详细信息和处理建议的操作。

操作步骤：

（1）根据需要打开当前告警或者历史告警。

（2）对于一个告警，单击所在行的"详情"按钮，如图 7-21 所示。

图 7-21 告警页面

（3）在打开的页面中查看该告警的详情和处理建议，如图 7-22 所示。

6. 设置告警声音和颜色

用户可以定制不同级别的告警发生时，在网管客户端上的提示声音和告警信息显示的颜色，从而及时提醒用户关注系统发生的故障或事件。

操作步骤如图 7-23 所示。

7. 重定义告警级别

系统初始化时设置了每条告警的默认告警级别，级别重定义设置的功能就是在系统运行过程中，根据不同的业务需求和实际环境修改告警级别，以引起维护人员的关注。

图 7-22 告警详细信息显示页面

图 7-23 告警声音及颜色设置步骤

操作步骤：

（1）在网管窗口中，选择"告警"→"告警设置"→"其他设置"，进入告警级别重定义设置页面。

（2）在"级别重定义"中选择需要重定义的告警码。

（3）单击对应的重定义级别下拉按钮，在下拉菜单中选择要重定义的级别即可，如图 7-24 所示。

图 7-24 告警级别重定义步骤

8. 定位告警

维护人员可以通过定位告警的操作，查找告警发生的物理位置。系统支持查看告警归属网元和产生告警模块的位置。

操作步骤如图 7-25 所示。

图 7-25　定位告警页面

9. 确认告警

确认告警是将一条告警由未确认状态转换到已确认状态，表示维护人员已经获知该告警信息，并开始进行相应的处理。需要注意的是，告警确认后，系统会在告警数据库中记录此次确认发生的时间、确认者、确认信息等相关信息。

确认告警页面如图 7-26 所示。

图 7-26　确认告警页面

10. 手工清除告警

通常情况下，当故障排除后，相关告警会自动清除，转为历史告警。当告警无法自动清除或已确认不存在该告警的时候，维护人员可以将告警手工进行清除。

操作步骤如图 7-27 所示。

图 7-27　手工清除告警页面

7.3.7　性能管理

1. 查看性能计数器

计数器位于各个测量对象的性能计数器子节点下，维护人员可以查看计数器类型以及该类型下的计数器。

操作步骤：

（1）选择"性能管理"→"指标管理"，单击"计数器"标签，进入计数器页面，如图 7-28 所示。

ID ⇕	名称 ⇕	网元类型 ⇕	网元子类型 ⇕	测量对象类型 ⇕	测量族 ⇕	单位 ⇕
C000010001	RAE方位角	ITBBU	CUDU	AISG实时数据	RAE实时数据	degree
C000010002	RAE机械偏移	ITBBU	CUDU	AISG实时数据	RAE实时数据	degree
C000010003	海拔	ITBBU	CUDU	AISG实时数据	RAE实时数据	m
C000010004	纬度	ITBBU	CUDU	AISG实时数据	RAE实时数据	degree
C000010005	经度	ITBBU	CUDU	AISG实时数据	RAE实时数据	degree
C000020001	RET俯仰角	ITBBU	CUDU	AISG实时数据	RET实时数据	degree
C000020002	RET方位角	ITBBU	CUDU	AISG实时数据	RET实时数据	degree

图 7-28　计数器页面

（2）选择网元类型、网元子类型、测量对象类型、测量族或在页面右侧查询搜索框中输入关键字，筛选名称和 ID 包含指定关键字的计数器。

（3）单击某个计数器名称，查看计数器详细信息，如图 7-29 所示。

2. 新建指标

维护人员可以根据自己的需要，新建性能指标，在新建之前需要已知性能指标所使用的计数器及计算公式。

操作步骤：

（1）在"性能管理"页面选择"指标管理"，在右侧区域显示指标管理界面，单击"指标"标签，打开"指标"页面，如图 7-30 所示。

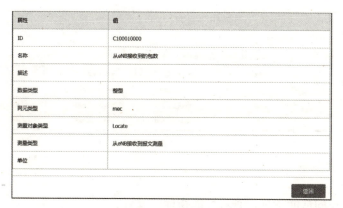

图 7-29　计数器详细信息页面

图 7-30　"指标"页面

（2）在指标页面，单击"新建"按钮，打开"新建指标"页面，填写指标的基本信息。单击"确定"按钮，完成新建指标，如图 7-31 所示。

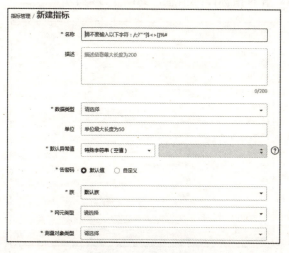

图 7-31　新建指标配置页面

（3）相关操作。指标管理相关操作还包括指标的修改、删除（系统预定义的性能指标不可以删除）、导出、导入、移动、常用指标设置和取消。移动是指将指标移动到指定分组中，便于分组管理组内指标，如图 7-32 所示。

图 7-32　指标相关操作页面

3. 查找性能指标

查找系统已存在的性能指标，查看性能指标的设置。

操作步骤：

（1）在"指标管理"页面的"指标"页面单击"按列搜索"按钮 ▼，选择网元类型、网元子类型、测量对象类型等常用筛选项，如图 7-33 所示。

图 7-33　指标查询操作页面

（2）在查询搜索框中输入指标名称或 ID，系统自动过滤出所要查找的指标。在查询结果列表中，单击指标名称，查看指标详细信息，如图 7-34 所示。

图 7-34　指标查询显示页面

4. 查询测量对象类型

查找系统已存在的测量对象，查看测量对象的类型，可在维护过程中根据对象选择合适的测量对象类型。

操作步骤：

（1）在"指标管理"页面单击"测量对象类型"标签，进入测量对象类型页面，如图 7-35 所示。

图 7-35 "测量对象类型"页面

（2）选择网元类型、测量对象类型或在查询搜索框中输入查找条件，筛选所需的测量类型。

（3）单击某个测量类型名称，查看测量类型详细信息，如图 7-36 所示。

5. 新建性能指标模板

本节介绍如何新建性能指标模板，在性能测量任务中，维护人员可以指定需要进行性能测量的网元、测量对象类型、性能数据采集粒度以及性能数据采集的时间段。测量任务会根据设定的条件，采集网元的性能数据。

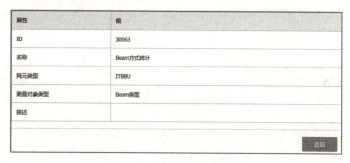

图 7-36 测量类型详细页面

操作步骤：

（1）进入"性能报表"界面，选择"查询模板"，在右侧区域显示"查询模板"界面，如图 7-37 所示。

图 7-37 "查询模板"界面

（2）在"查询模板"界面单击"新建"按钮，打开"新建查询模板"界面，如图 7-38 所示。

（3）单击"新建"按钮，完成新建查询模板。

（4）性能指标模板建立完成后，可以对该模板进行查询、修改和删除操作，如图 7-39 所示。

图 7-38　"新建查询模板"页面

图 7-39　模板查询、修改、删除页面

6. 性能历史指标查询

普通查询：普通查询是通过对要查询的历史指标进行常规设置的查询。

操作步骤：

（1）进入"性能报表"界面，选择"历史查询"，打开"历史查询"页面，如图 7-40 所示。

图 7-40　"历史查询"页面

（2）选择"选择计数器 / 指标"，设置参数信息。

（3）单击"下一步"按钮，进入"选择对象"页面，如图 7-41 所示。

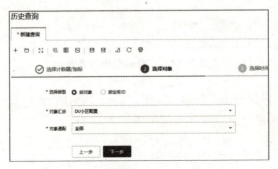

图 7-41　历史查询"选择对象"页面

填写规范：

① 在"选择类型"后选中类型信息，默认为"按对象"。

② 单击"对象汇总"后面的下拉按钮，选择查询结果汇总位置。

③ 单击"对象通配"后面的下拉按钮，选择对象通配信息。

（4）单击"下一步"按钮，进入"选择时间"页面，设置选择时间参数，如图 7-42 所示。

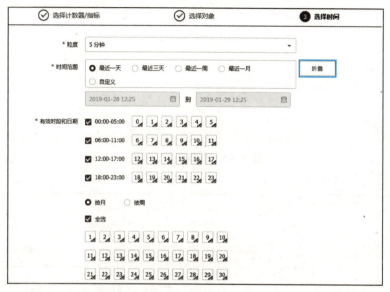

图 7-42　历史查询"选择时间"页面

（5）单击"查询"按钮，出现查询结果，如图 7-43 所示。

序号	开始时间	结束时间	粒度	E-RAB建立成功率	RRC连接建立成功率	小区的可用率	PDSCH不同流数空分组的总包数
1	2018-09-14 20:45:00	2018-09-14 20:50:00	5 分钟	100.00%	100.00%	0.00%	1656
2	2018-09-14 21:15:00	2018-09-14 21:20:00	5 分钟	100.00%	100.00%	0.00%	6624
3	2018-09-14 21:30:00	2018-09-14 21:35:00	5 分钟	100.00%	100.00%	0.00%	9936
4	2018-09-14 21:45:00	2018-09-14 21:50:00	5 分钟	100.00%	100.00%	0.00%	8280
5	2018-09-14 21:50:00	2018-09-14 21:55:00	5 分钟	100.00%	100.00%	0.00%	16560
6	2018-09-14 22:05:00	2018-09-14 22:10:00	5 分钟	100.00%	100.00%	0.00%	3312
7	2018-09-14 22:15:00	2018-09-14 22:20:00	5 分钟	100.00%	100.00%	0.00%	11592
8	2018-09-14 22:20:00	2018-09-14 22:25:00	5 分钟	100.00%	100.00%	0.00%	124200
9	2018-09-14 23:30:00	2018-09-14 23:35:00	5 分钟	100.00%	100.00%	0.00%	9936

图 7-43　查询结果页面

（6）对查询指标的显示可以是表格的形式，也可以是图形的形式，图形显示包括折线图、柱状图，图 7-44 所示为查询结果折线图。

（7）也可在"选择时间"页面完成参数设置，单击"下一步"按钮，打开"门限"页面，设置过滤门限值，将指标与告警做对应，如图 7-45 所示。

（8）设置向上和向下门限，单击"查询"按钮，打开查询结果页面，如图 7-46 所示。

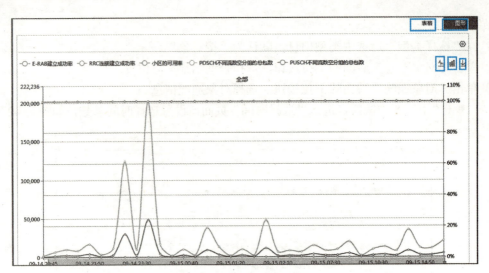

图 7-44　查询结果折线图

图 7-45　门限设置页面

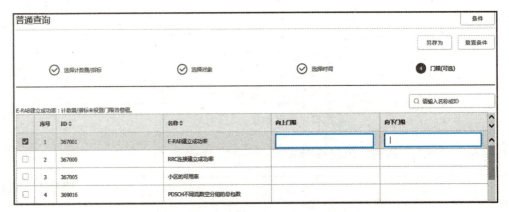

图 7-46　门限查询结果页面

7.查询网元类型

查找系统已存在的网元类型，查看网元的类型信息，可在实际维护中根据网元情况进行匹配。

操作步骤：

（1）在"指标管理"页面单击"网元类型"标签，进入"网元类型"页面，如图 7-47 所示。

（2）在页面右侧查询搜索框中输入查找条件，筛选所需的网元类型。

（3）单击某个网元类型名称，查看网元类型详细信息，如图 7-48 所示。

图 7-47　"网元类型"页面

属性	值
ID	ITBBU
名称	ITBBU
	返回

图 7-48　网元类型详细信息页面

1）模板查询

模板查询是通过对需要查询的历史指标根据已经设置好的模板查询。

操作步骤：

（1）进入"性能报表"界面，选择"历史查询"，打开"历史查询"界面，在"选择计数器/指标"设置页面单击"选择查询模板"按钮，如图 7-49 所示，弹出"选择查询模板"对话框。

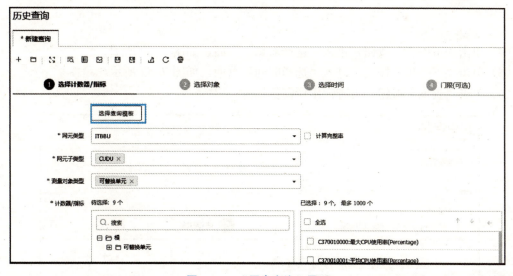

图 7-49　"历史查询"界面

（2）出现模板列表，如图 7-50 所示。

（3）在"选择查询模板"对话框中单击"选择"按钮，系统自动填充选择计数器/指标信息，如图 7-51 所示。

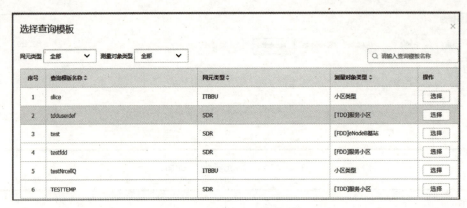

图 7-50　查询模板列表页面

图 7-51　计数器／指标信息

（4）单击"下一步"按钮，进入"选择对象"页面，如图 7-52 所示。

（5）单击"下一步"按钮，进入"选择时间"页面，如图 7-53 所示。

（6）单击"查询"按钮，可查询出所需指标。

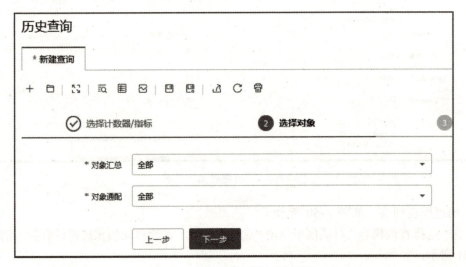

图 7-52　查询模板选择对象页面

图 7-53   查询模板选择时间页面

2）分组查询

分组查询是通过对需要查询的历史指标根据已经设置好的分组查询。

操作步骤：

（1）进入"性能报表"界面，选择"历史查询"，打开历史查询页面。

（2）在"选择计数器 / 指标"页面设置基本信息和计数器 / 指标信息。

（3）单击"下一步"按钮，进入"选择对象"页面，如图 7-54 所示。

图 7-54   分组查询设置页面

配置规范：

① 单击"对象汇总"后面的下拉按钮，在下拉列表中选择"分组"。

② 单击"对象通配"后面的下拉按钮，在下拉列表中选择"分组"。

③ 在"对象范围 – 待选择"区域中选择匹配的分组位置，单击➡按钮，将其加入到已选择区域。

（4）单击"下一步"按钮，进入"选择时间"页面，如图 7-55 所示。

图 7-55   分组查询时间设置页面

（5）也可单击"下一步"按钮，打开门限页面，设置向上门限和向下门限。

（6）单击"查询"按钮，显示查询结果。

8．TOPN 分析

TOPN 分析是通过对查询到的指标进行高低排序，在维护过程中可针对指标最差的小区进行重点维护。

操作步骤：

（1）进入"性能报表"界面，选择"历史查询"，打开历史查询页面。

（2）在"选择计数器/指标"页面单击"高级过滤"后面的下拉按钮，在下拉列表中选择过滤类型（TOPN 过滤），如图 7-56 所示。

图 7-56　TOPN 过滤设置页面

（3）选中计数器/指标，设置过滤操作和过滤值。

① TOPN 过滤最多选择 1 个计数器/指标。

② 单击"过滤操作"下拉按钮，在下拉列表中选择"最大"或"最小"，表示过滤结果节选最大/最小 TOPN 个。

③ 单击"过滤值"微调按钮，设置过滤值大小，TOPN 过滤值范围为 ［1，500］。

（4）单击"下一步"按钮，进入"选择对象"页面。

（5）单击"下一步"按钮，进入"选择时间"页面。

（6）单击"查询"按钮，显示查询结果，如图 7-57 所示。

粒度 ‡	E-RAB建立成功率 ‡	qwqw ‡	RRC连接建立成功率 ‡
5 分钟	100.00%	33.0000	100.00%
5 分钟	100.00%	0.0000	30.77%
5 分钟	100.00%	33.0000	100.00%
5 分钟	100.00%	0.0000	30.77%
5 分钟	100.00%	0.0000	30.77%

图 7-57　TOPN 结果页面

9. 忙时过滤分析

忙时过滤分析是在历史性能查询中对忙时段进行指标过滤，只显示非忙时的指标结果。

操作步骤如下：

（1）进入"性能报表"界面，选择"历史查询"，打开"历史查询"页面。

（2）在"选择计数器 / 指标"页面单击"高级过滤"后面的下拉按钮，在下拉列表中选择过滤类型（忙时过滤），如图 7-58 所示。

高级过滤	忙时过滤		
	ID ↕	名称 ↕	过滤操作
☐	C610680002	PSCELL变更成功次数(Number of times)	
☐	C610680003	PSCELL变更失败次数，接纳失败(Number of times)	
☐	C610680004	PSCELL变更失败次数，重配完成超时(Number of times)	
☐	C610680005	PSCELL变更失败次数，其他原因(Number of times)	
☐	C616640000	小区下行调度时间(0.5 ms)	
☐	C616640001	小区上行调度时间(0.5 ms)	
☐	C616640002	PUSCH不同流数空分组的成功接收的数据量(Byte)	
☐	C616640003	PDSCH不同流数空分组的成功发送的数据量(Byte)	
☐	C616640004	PUSCH非空分不同层数的成功接收的数据量(Byte)	
☐	C616640005	PDSCH非空分不同层数的成功发送的数据量(Byte)	
☐	C616640006	上行SU-UE不同传输模式的发送数据量(Byte)	

请设置忙时过滤

图 7-58　忙时过滤设置页面

（3）单击"下一步"按钮，进入"选择对象"页面。

（4）单击"下一步"按钮，进入"选择时间"页面。

（5）单击"查询"按钮，显示查询结果。

10. 逻辑过滤分析

逻辑过滤分析是在历史性能查询中对指标进行过滤逻辑设置，只显示不包含在过滤逻辑中的指标结果。

操作步骤：

（1）进入"性能报表"界面，选择"历史查询"，打开"历史查询"页面。

（2）在"选择计数器 / 指标"页面单击"高级过滤"后面的下拉按钮，在下拉列表中选择过滤类型（逻辑过滤），如图 7-59 所示。

图 7-59　逻辑过滤设置页面

（3）在高级过滤区域，单击逻辑过滤运算方式后面的下拉按钮，在下拉列表中选择过滤类型（或 / 与）。

① "与"表示所有选中的指标或计数器运算结果均为真才输出结果。

② "或"表示只要有一个选中的指标或计数器运算结果为真就输出结果。

（4）选中计数器 / 指标，设置过滤操作和过滤值。

① 单击"过滤操作"下拉按钮，在下拉列表中选择逻辑过滤运算符号。

② 单击"过滤值"微调按钮，设置过滤值大小。

（5）单击"下一步"按钮，进入"选择对象"页面。

（6）单击"下一步"按钮，进入"选择时间"页面。

（7）单击"查询"按钮，显示查询结果。

7.3.8　日志管理

5G 基站日志的智能分析包括分析、决策、执行过程，相关操作描述如下。

（1）分析（Analytics）。通过采集基站的运行数据及关键事件，交给专门的日志或内容分析中心，提取关键信息。

（2）决策（Policy）。对关键数据的分析结果，经过数据训练形成基站后续对相关事件的处理调整的策略。

（3）执行（Action）。按照对事件或场景形成的策略，形成一些参数或操作，推动对基站执行管理。

课后复习及难点介绍

日常操作
与维护

实训单元

实训目的

（1）掌握用户管理的常用操作。
（2）掌握告警管理的常用操作。
（3）掌握性能管理的常用操作。
（4）掌握日志管理的常用操作。

实训内容

5G 基站的日常操作及维护的操作。

实训准备

（1）实训环境准备

硬件：5G 基站实体设备。

软件：5G 网管。

资料：《5G 基站建设与维护》教材、《实训系统指导手册》。

（2）相关知识要点

① 用户管理在 5G 维护中的作用。

② 告警管理在 5G 维护中的作用。

③ 性能管理在 5G 维护中的作用。

④ 日志管理在 5G 维护中的作用。

实训步骤

（1）用户管理中创建具备操作员权限的账号，并为该账号配置密码设置规则、登录时间、登录 IP 段相关规则。

（2）查询当前告警中具有某特定告警的基站/小区信息。

（3）对告警的颜色、声音、级别、告警处理建议、规则按照预置的条件设置。

（4）创建包含 RRC 连接建立成功率、切换成功率指标的查询模板。

（5）根据（4）中的查询模板查询基站的历史性能数据。

（6）查询最近一天内的操作日志。

评定标准

根据任务实施及预置条件，结合实际操作，验证结果的正确。

实训小结

实训中的问题： _____

_____

问题分析： _____

_____

问题解决方案： _____

_____

结果验证： _____

_____

实训拓展

根据任务实施中涉及的常用操作进行练习。

思考与练习

（1）用户管理对 5G 基站维护有什么意义？

（2）告警管理的常用操作分别有什么作用？

实训评价

组内互评： _____

_____

_____

指导讲师评价及鉴定： _____

_____

_____

 课后习题

1. 用户管理功能中，有哪些常用操作？它们对于 5G 基站的维护有什么帮助？

2. 告警管理中的常用操作有哪些？

3. 性能管理对于维护来说有什么意义？

4. 日志管理的意义是什么？

参 考 文 献

［1］黄劲安，区奕宁，董力，等．5G空口设计与实践进阶［M］．北京：人民邮电出版
  社，2019.

［2］郭铭，文志成，刘向东．5G空口特性与关键技术［M］．北京：人民邮电出版社，
  2019.

［3］中兴文档．5G，看得见的未来，5G业务应用．

［4］3GPP TS 38.201　NR；Physical layer；General description.

［5］3GPP TS 38.300　NR；Overall description；Stage-2.

［6］3GPP TS 38.321　NR；Medium Access Control（MAC）protocol specification.

［7］3GPP TS 38.322　NR；Radio Link Control（RLC）protocol Specification.

［8］3GPP TS 38.323　NR；Packet Data Convergence Protocol（PDCP）Specification

［9］3GPP TS 38.331　NR；Radio Resource Control（RRC）；Protocol Specification.

［10］3GPP TS 38.401　NG-RAN；Architecture description.

［11］3GPP TS 38.410　NG-RAN；NG general aspects and principles.

［12］3GPP TS 38.420　NG-RAN；Xn general aspects and principles

［13］3GPP TS 38.460　NG-RAN；E1 general aspects and principles.

［14］3GPP TS 38.470　NG-RAN；F1 general aspects and principles.

［15］中兴文档 R9105 S26（V1.0）产品描述 _901133.

［16］中兴文档 R9105 S26（V1.0）硬件描述 _901134.

［17］中兴文档 SJ-20190416150805-004-ZXRAN R9105 S26（V1.0）部件更换 _901135.

［18］中兴文档 SJ-20190416150805-003-ZXRAN R9105 S26（V1.0）硬件安装 _922023.

［19］中兴文档 Lib20190428174234-ZXRAN（V2.00.21.01P03）用户手册文档包 _R1.2_884437.